에너지로 말하는 현대물리학

에너지로 말하는 현대물리학

영구기관에서 현대우주론까지

초판 1쇄 1994년 09월 25일
개정 1쇄 2023년 11월 28일

지 은 이 오노 슈
옮 긴 이 편집부
발 행 인 손영일
디 자 인 장윤진

펴낸 곳 전파과학사
출판등록 1956. 7. 23 제 10-89호
주 소 서울시 서대문구 증가로18, 204호
전 화 02-333-8877(8855)
팩 스 02-334-8092
이 메 일 chonpa2@hanmail.net
홈페이지 https://www.s-wave.co.kr
블 로 그 http://blog.naver.com/siencia

ISBN 978-89-7044-639-4 (03420)

에너지로 말하는 현대물리학

영구기관에서 현대우주론까지

오노 슈 지음

편집부 옮김

전파과학사

차례

3 열과 온도

4 엔트로피와 자유 에너지

5 분자 운동과 열

9 에너지의 유효성과 엑서지

머리말

세계에 여러 가지 변화가 있어도 항상 변하지 않는 에너지라는 것이 있다는 것은 물리학의 역사에 있어서나, 물리학을 공부하기 시작할 당시의 나에게는 놀라움이었다. 이 책은 에너지를 주제로 물리학을 알아보려는 의도다.

에너지는 극미의 소립자 세계에서도, 아주 거대한 우주에서도 동일하게 작용한다. 이는 장대한 드라마이다. 에너지의 작용이라는 단면에서 본 세계라고도 할 수 있는 것으로, 이런 관점은 물리학의 전 분야에 걸쳐 있다. 또한 여러 가지 현상에 대해 에너지가 어떤 역할을 하고 있는가를 알도록 하고 있다. 그중에서도 열에너지, 에너지로서의 질량에 중점을 두고 있다. 열에너지는 온도, 엔트로피와 깊은 관계가 있는데, 이것에 관한 2개의 장章은 어떤 의미에서는 이 책에서 다룬 에너지의 중심사 중 하나가 되어 있다. 유감스럽게도 수식의 사용을 완전히 배제한다는 것은 이해를 전적으로 불

완전한 상태로 받아들인다는 것을 묵인하지 않는 한 불가능한 일이다. 그러나 이 말을 '수식을 다루지 않으면 이해할 수 없다'라는 것으로 생각해선 안 된다. 막연하게나마 대체적인 뜻을 파악하고 있어도 무방하다. 혹여나 물리학에서 말하는 '에너지'란 무엇인지 대강 알 수 있게 된다면 된다면 더할 나위 없을 것이다.

물리학을 음악에 빗대어 생각할 때가 있다. 우리는 악기를 연주할 수는 없어도 음악을 듣고 즐길 수는 있다. 물론 악기를 연주할 수 있다면 그 이해는 더욱 깊어지는 것과 같이, 수식의 뜻을 알 수 있다면 그만큼 내용의 이해는 깊어지게 마련이다.

가장 염려스러운 건 독자 여러분이 어떻게 받아들일는지이다. 책의 내용이 흥미롭게 느껴지는 동시에 쉽게 이해된다면 좋겠다.

이 책을 출판하는 데 있어 여러 가지로 애써주신 고단샤 과학도서 출판부, 특히 야니기다柳田和鼓 씨께 감사의 뜻을 전한다. 그로부터 독자 관점의 여러 가지 귀중한 의견을 얻을 수 있었다.

오노 슈

1

에너지는 불면

에너지라는 말의 사용법

에너지라는 말은 누구나 알고 있다. 그러나 정말 알고 있다기보다는 '들은 적이 있다'라고 하는 것이 옳을지도 모르겠다. 에너지란 단어가 여러 가지 의미로 사용되고 있기 때문이다. 원래 에너지란 말은 물리학의 전문용어이다. 그런 뜻에서는 혼란의 여지가 없다. 이 책에서 에너지라는 것은 모두가 물리학에서 말하는 에너지를 말한다. 그리고 그 뜻을 일반 사람들이 잘 이해할 수 있도록 해설하려는 것이 이 책의 목적 중 하나이다.

그러나 일상 대화나 신문기사 등에서 에너지를 말할 때는 이것과는 다른 뜻으로 사용되고 있다. 가령 '에너지 소비'라든지 '에너지 절약'이란 말을 사용할 때에는 분명히 물리학에서 말하는 에너지와는 다른 뜻이다. 이때의 에너지는 물리학에서 사용하고 있는 에너지와는 다른 것이지만 그렇다고 해서 무관한 건 아니다. 이런 이유로 경우에 따라서는 혼란이 일어난다. 물리학의 에너지에 대해서는 나중에 설명하기로 하고, '에너지 문제' 등에서의 에너지에 대해 조금 설명해 보겠다.

유용한 에너지

에너지란 말을 '에너지의 소비·절약'이란 말로 쓰는 것이 도리어 보편적일지 모르겠다. 그러나 '에너지 문제'에 관한 회의 시의 발언 등에서 에너지 소비란 말에 거부감을 느끼는 것이 나 혼자만은 아닌 듯싶다. 영국 물리학자들도 에너지는 불멸이며 소비되지 않고, 전환될 뿐이라는 양해 하에 에너지의 소비라고는 말하지 않고, 전환이란 말을 쓰고 있다.

대학의 엘리베이터 1층 입구에 '에너지 절약을 위해 2층까지는 걸어서 갑시다'라는 쪽지가 붙어 있었다. 에너지라는 말을 이해하지 못한 한 예다. 바로 '전기 절약을 위해'라고 고쳐 쓰기로 하였다. 이 경우는 걸어서 오르면 그때 열이 되는 음식의 에너지가 전력 소비보다도 커지므로 진정한 의미에서의 에너지 절약은 되지 않는다.

이 책에서는 에너지라 하면 불멸의 에너지를 가리키는 것인데, 에너지의 소비란 것은 도대체 무엇이 소비된다는 것일까. 이것에 대해서는 마지막 장에서 설명하겠지만 여기에서는, '유용한 에너지'의 소비란 뜻으로 하기로 한다. 물론 유용이란 무엇을 가리키는가, 무용한 에너지란 무엇인가 하는 것이 문제가 되지만 그것에 대해서는 나중에 설명하기로 하자.

에너지란 양은 왜 생각하게 되었는가

에너지란 양을 생각하게 된 역사는 비교적 새롭다. 이에 비하면 온도의 역사는 길다. 짧게 보아도 400년 정도의 역사는 있다. 또한 원시적인 온도의 개념은 인류에게는 유사 이전부터 있었다고 보아도 좋다. 그리고 온도는 직관적으로도 이해될 수 있다. '뜨겁다·차다'라는 감각은 바로 온도라는 양과 이어진다. 그러므로 온도는 아이

바람의 힘을 전기 에너지로 바꾸는 풍력 발전 장치(共同通信)

들도 어느 정도 이해할 수 있다.

그러나 에너지의 개념이 확립된 것은 불과 150년 전의 일이다. 그 근원이 되는 역학의 에너지 개념이 나타난 것이 300년쯤 전의 일이다. 이 이전에도 에너지라는 사고가 전혀 없었던 것은 아니지만…….

아이들에게 에너지란 것을 가르칠 때는 '자동차가 소비한 휘발유의 양과 주행 거리가 비례한다'라는 이야기부터 해주면 쉽게 이해한다는 말을 들은 적이 있다. 이 말은 일정량의 휘발유가 일정량의 에너지를 갖고 있다는 것과 같은 이야기이다. 이런 식으로 에너지라는 개념에 친숙해질 수 있다. 그러나 이 경우에 친숙해질 수 있는 것은 앞에서 말한 유용한 에너지인 것이다. 분자의 에너지나 별의 에너지를 이해하고 물리학 속의 에너지의 역할을 이해하는 데는 물리학의 에너지, 즉 불멸의 에너지를 이해하지 않으면 안 된다. 또한 그것으로 인해 유용한 에너지의 의미를 알게 된다. 이러한 에너지의 이해에는 에너지라는 양이 왜 필요한가를 물리학의 테두리 속에서 생각하지 않으면 안 된다. 여기에서는 직관적으로 이미지를 연상하기 어려운 에너지의 개념 발달을 역사적으로 추구해 보자.

2

모양을 바꾸는 불멸의 에너지

에너지라는 양은 그 모양을 여러 가지로 바꾼다. 그러나 그 총량은 언제나 불변이다. 또한 그 모양의 변화는 소립자의 크기로부터 우주의 스케일에 이르는 모든 물리현상에 관계하고 있다.

이 장에서는 라이프니츠(Gottfried Wilhelm von Leibniz, 1646~1716)에 의한 역학적 에너지의 발견에서 시작하여 여러 가지 에너지, 에너지의 전환 및 불멸성에 관해 간략하게 설명하겠다.

운동 에너지와 포텐셜 에너지

움직이고 있는 물체의 운동의 크기는 무엇으로 측정하는지에 관해 여러 가지 논의가 있었다. 어떤 속도로 움직이고 있는 가벼운 물체보다, 같은 속도의 무거운 물체 쪽이 운동의 크기가 크다고 생각할 것이다. 또한 같은 무게의 물체라면 빠를수록 운동의 크기도 크다고 보는 것은 당연하다. 그렇다면 빠르고 가벼운 물체와 느리고 무거운 물체, 어느 쪽의 운동이 클까. 17세기에 데카르트(René Descartes, 1596~1650), 월리스(John Wallis, 1616~1703), 호이겐스(Christiaan Huygens, 1629~1695), 라이프니츠 등이 여러 가지 생각을 피력하였다. 데카르트는 물체의 질량 m에 속도 v를 곱한 것이 운동의 크기를 나타낸다는 견해를 발표하였다. 이에 대해 라이프니츠는 질량에 속도의 제곱을 곱한 것이 운동의 크기를 나타낸다고 하고, 이것을 활력(活刀)이라 부르며 데카르트의 견해에 의의를 제기하였다. 운동의 크기를 무엇으로 측정하는가에 관한 데카르트와 라이프니츠 두 파의 논쟁은 18세기에 이르러 달랑베르(Jean Le Rond d'Alembert,

1717~1783)가 결론을 내릴 때까지 계속되었다.

물체가 중력의 작용을 받아 상승할 때에는 점차 속도를 상실하고 낙하할 때에는 속도가 증가한다는 것은 잘 알려져 있다. 라이프니츠는 상승할 때는 활력이 상실되지만, 이 상실된 활력은 사력死力이 되어 저장된다고 생각하였다. 사력은 질량 m, 높이 h, 중력가속도 g를 곱한 값의 2배이다. 물체는 점차 활력을 상실하다가 어떤 높이에서 활력이 없어지고 낙하로 전환하여 활력은 점차 증가하고 사력은 감소해 간다. 이처럼 활력과 사력의 합은 상승하는 동안에도, 낙하하는 동안에도 항상 일정하다.

이 활력과 사력의 2분의 1은 오늘날 운동 에너지와 포텐셜 에너지라고 부르는 것으로, 이 양쪽을 합친 것을 '역학적 에너지'라고 한다. 따라서 활력과 사력의 합이 일정하다는 것은 역학적 에너지가 일정하다는, 바로 역학적 에너지 보존의 법칙인 것이다. 이 에

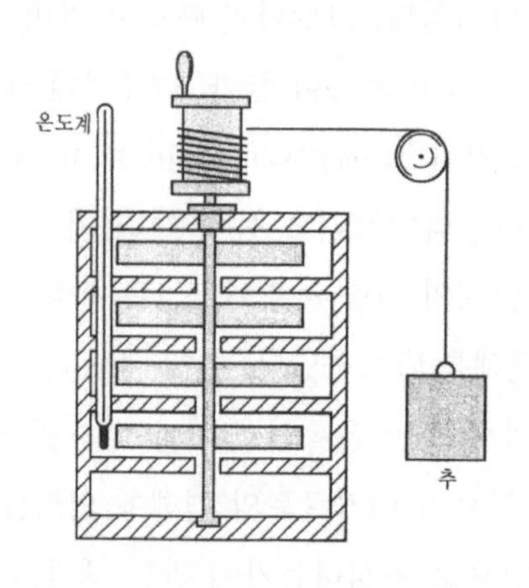

[그림 1] 물체에 힘이 작용하는 간단한 예

너지란 말을 물리학 용어로 처음 사용한 것은 요한 베르누이(Johann Bernoulli, 1667~1748)로서 1717년의 일이라고 한다.

중력이 작용하고 있는 물체의 포텐셜 에너지는 위치와 관계있다. 그 밖의 힘의 경우에도 포텐셜 에너지는 위치에 따라 결정되는 일이 많으므로 이것을 '위치 에너지'라고 말할 때도 있다. 그러나 포텐셜 에너지는 위치만으로는 정할 수 없는 경우도 적지 않다. 따라서 여기서는 위치 에너지란 말을 쓰지 않는다. 포텐셜이란 말은 원래 잠재력을 뜻하는 말로서 라이프니츠가 말한 사력과 같이 '숨겨져 있으나 모습을 나타내어 운동 에너지로 변하다'라는 뜻이 있는 것이다.

이 역학적 에너지의 보존은 수직적인 상승·하강이나 포물선 운동 같은 자유 운동에 한정되지 않고 빗면 상의 운동이나 진자 운동 같은 속박 운동에 대해서도 성립되는 것이다. 그러나 운동에 저항이나 마찰이 있으면 역학적 에너지는 점차 감소하여 0이 되고 역학적 에너지 보존의 법칙은 성립되지 않는다. 떨어지는 물체가 지면에 충돌하여 정지하는 경우에도 같지만, 라이프니츠는 활력이 그 물체를 구성하는 미립자의 운동으로 분배되어 눈으로 볼 수 없게 된다고 말하였다.

에너지와 일

물체에 힘이 작용하는 간단한 보기로 그림 1과 같이 실에 매달린 추를 생각해 보자. 실의 다른 쪽을 도르래를 이용하여 손으로 당기고 있다. 손에 미치는 힘이 추에 작용하는 중력 mg와 같으면 추는 멈추게 된다. 이때 손에 미치는 힘이 조금이라도 크면 추는 위로 올라가게 된다. 이때 추의 포텐셜 에너지는 증가한다. 이 증가는 올라간 높이에 중력을 곱한 것과 같다. 추가 내려갈 때에는 내려간 높이에 중력을 곱한 값만큼 감소한다. 이 보기로는 움직인 거리에 움직인 방향의 힘을 곱한 것이 포텐셜 에너지의 증가 또는 감소가 된다.

다음으로 미끄러운 수평면을 일정한 힘을 받아 움직이고 있는 물체를 생각해 보자. 다른 힘의 작용이 없으면 이 물체의 운동은 등가속도 운동이다. 잘 알려져 있는 중력의 작용을 받아 자유낙하하는 물체의 운동의 예와 같은 것으로 속도는 시간에 비례하여 증가하고 움직인 거리는 시간의 제곱에 비례하여 증가하나, 그 비례상수는 속도의 경우의 절반이다. 이러한 사실로 속도 증가의 제곱은 움직인 거리에 가속도를 곱한 것의 2배가 된다. 이것은 물체의 운동 에너지 증가는 그 물체의 움직인 거리에 작용하고 있는 힘을 곱한 것과 같다는 말이다. 힘이 운동 방향과 반대 방향일 때 운동 에너지는 감소한다. 이렇게 움직인 거리에 움직인 방향의 힘을 곱한 것은 운동에 대한 힘의 효과를 나타낸다. 물론 이러한 일은 등가속도 운동에 한한 것이 아니다.

이 힘의 효과를 부여하는 움직인 거리에 힘의 방향의 성분을 곱한 값이 일이다. 일은 그 물체의 역학적 에너지의 증가(일이 마이너스이면 감소)이다. 일상적으로 말하는 일은 물리학에서 말하는 일보다 넓은 뜻으로 쓰인다. 문을 지키거나 물체를 단순하게 매다는 것은 물리학에서 말하는 일이 아니다. 우물에서 물을 퍼 올리는 것은 일이며 그 크기는 퍼 올린 물의 양에 우물의 깊이를 곱한 것과 비례한다. 물리학의 단위로 나타낼 때, 그 비례상수는 중력상수이다.

물체는 외부에서 일이 가해지면 그 일의 크기만큼 물체의 역학적 에너지는 증가한다. 반대로 물체가 외부로 일을 할 때는 그 일의 크기만큼 역학적 에너지는 감소한다. 일정한 거리를 움직였을 때의 운동 에너지 증가는 작용한 힘에 비례하나 시간이 일정할 때 힘에 비례하여 증가하는 것은 운동량이다. 라이프니츠 파와 데카르트 파가 논쟁한 것은 이 구별이 뚜렷하지 않기 때문이었다. 이 점을 명확하게 밝힌 게 달랑베르였다.

이러한 일의 단위는 줄(J)이다. 이것은 1J의 힘이 작용하여 그 방향으로 1m 움직였을 때의 일이다. 또한 1초에 1J의 일률은 1W(와트)이다. 일의 단위는 에너지의 단위이기도 하다.

열

온도계는 17세기에 만들어져 18세기에 정확한 온도계를 사용하게 되었다. 온도란 덥고 찬 정도를 수치로 나타내는 것으로 비교적 쉽게, 또한 직관적으로 이해할 수 있다. 온도에 대비되는 개념은 열인데, 이것은 온도와는 달리 직관적으로 이해하기는 곤란하다.

18세기에 물질에 열을 가하면 온도가 올라가고 열을 제거하면 온도가 내려가며 또한 찬 물체와 뜨거운 물체를 접촉시키면 열이 뜨거운 물체에서 찬 물체로 옮겨져서 찬 물체의 온도가 올라가고 뜨거운 쪽의 온도가 내려간다고 생각했다. 여러 가지 실험을 하여 열이란 것을 밝힌 것은 블랙(Joseph Black, 1728~1799)이었다. 블랙은 열을 불생불멸의 물질이라고 하였다. 이 물질은 당시는 열소caloric라고 불리며 열소설은 19세기 중반까지도 쇠퇴하지 않았다. 또한 블랙은 1761년에 얼음이 녹아 물이 될 때 융해열을 발견했다. 그리하여 얼음의 융해열을 이용하여 화학 반응에서 생기는 반응열 등을 측정하는 얼음 열량계가 발견되었다.

일의 열로의 전환

열소설에 반대하여 1799년 실험에 근거한 열의 운동론 보고를 낸 것은 럼퍼드(Count Rumford, 1753~1814)였으며 열소설이 대세를 지배하고 있던 당시 대단한 이론을 불러일으켰으나 크게 찬성은 얻지 못하였다. 1842년, 1845년에 J. R. 마이어(Julius Robert von Mayer, 1814~1878)가 열과 일은 동등하다는 논문을 발표하였으나 논문에 물리적 잘못이 있기도 하여 일반적으로 인정받지 못하였다.

줄(James Prescott Joule, 1818~1889)은 1840년부터 전류에 의한 열의 발생을 연구하여 열이 전류의 세기의 제곱과 도체 저항의 곱에 비례한다는 줄의 법칙을 발견하였다. 또한 그는 전류의 작용에 의해 '전자 엔진'이 회전할 때 마찰 때문에 일이 상실되어 그것으로 인해 발생하는 열과, 같은 전류를 흐르게 하였을 때 직접 발생하는 열이 같다는 사실에서 상실된 일과 발생한 열의 비를 알았다. 이 비를 열의 일당량이라고 한다. 일정한 열에 해당하는 일이라는 의미이다. 그 후, 1845년과 1847년에 줄은 더욱 정밀한 장치를 만들어 그것을 사용하여 열의 일당량을 측정하였다. 여기에 대해서는 3장에서 좀 더 상세하게 설명하겠다.

이처럼 일은 열로 전환되고 또한 열은 일정한 비율로 일로 환산할 수 있다는 것은 열은 어떤 비율로 환산하면 역학적 에너지와 같다고 할 수 있다. 이러한 사실은 역학적 에너지나 열도 에너지라는 같은 하나의 양의 다른 형태로 볼 수 있다는 것을 뜻한다. 이것은 물리학의 역사에서 그야말로 혁명적인 일이었다. 따라서 열도 일의 단위인 줄로써 나타낼 수 있게 된 셈이다. 열의 단위는 원래 일의 단위와는 독립적으로 정해져 있었다. 이를테면 물 1g의 온도를 1℃만큼 높이는 데 필요한 열을 열의 단위로 하고 이것을 칼로리calorie라고 불렀다. 이러한 열의 단위에 대해서는 열의 일당량을 정할 필요가 있었다. 그러나 열의 단위에도 줄을 사용하면 이런 귀찮은 일은 필요 없게 된다.

오직 실용상으로 칼로리라는 단위는 편리한 점이 있다. 또한 습관상 간단히 개정할 수 없다. '이과연표'에 있는 열 관계의 상수표 등도 이러한 사정 때문에 어떤 양에는 줄을, 어떤 양에는 칼로리를 사용하고 있다. 영양학책 등에서 하루의 식품섭취량을 나타내는 데 2000cal라고 하는 대신에, 성인 8400kJ이라고 한다는 것은 당분간은 생각할 수 없다. 영양학의 칼로리는 대칼로리(kcal)로서 1000cal를 말하는 것이다. 이렇게 편의상으로 사용하고 있는 칼로리는 열의 일당량을 정의하여 환산한 것이다. 이러한 열의 일당량으로 4.184J/cal라는 값이 널리 쓰이고 있다.

전류의 에너지

전기에는 플러스와 마이너스의 두 종류가 있어 같은 전기 사이에는 척력, 다른 전기 사이에는 인력이 작용한다는 것은 잘 알려져 있다. 이 힘의 크기는 양쪽의 전기량, 즉 전하의 곱에 비례한다. 전하가 1개 있을 때에는 이 전하 가까이에 있는 다른 전하에는 끊임없이 힘이 작용하고 있다. 이 힘을 전기력이라고 한다. 1개의 전하가 아니고 많은 전하가 있어 이것들이 연속으로 분포하고 있을 때에도 전기력은 작용하고 있다. 하나의 점에서 다른 점으로 전기력을 받으면서 전하를 이동시킬 때에는 밖에서 일을 하든가, 밖으로 일을 한다. 이것은 그때 전하의 포텐셜 에너지의 증가(또는 감소)가 된다. 이 일은 그 전하의 크기에 비례한다. 그러므로 그때의 포텐셜 에너지를 전하의 크기로 나눈 것을 사용하며, 이것을 정전 포텐셜 또는 전위라고 하며 두 점의 전위의 차를 전위차라고 한다. 하나의 도체에서 전위는 어디에서나 같다.

일반적으로 1개의 도체에 전하를 부여하여 대전시키면 전하는 서로 반발하므로 많은 전하를 비축하기란 어렵다. 2개의 도체를 접근시켜 놓고 각각 플러스, 마이너스 전하를 부여하면 두 전하는 서로 끌어당기므로 전하를 비축하기 쉽다. 그 사이의 전위차는 전하에 비례하나, 전하는 같다 해도 두 도체를 가까이 하면 작아진다. 특히 두 도체를 접근시켜 작은 전위차로 전하를 비축할 수 있도록 한 장치가 콘덴서이다. 또한 2개의 도체가 판상이면 극판이라 한다. 비축된 전하가 전위차에 비례하면 비례상수를 콘덴서의 전기용량이라 한다. 또한 콘덴서에 전하를 비축하는 것을 충전이라 한다. 전기용량 C의 콘덴서 양극판에 $q, -q$의 전하를 비축하는 데 가해야 하는 일은 $q^2/2C$가 된다. q의 전하가 비축되어 있을 때 양극판의 전위차는 q/C이며, 거기에서 q의 전하를 이동시키려면 q^2/C의 일이 필요하지만 전위차도 처음에는 0이고 차차 증가하여 q/C가 되는 것을 고려하면 콘덴서를 처음부터 충전할 때까지의 일은 절반인 $q^2/2C$이다. 이것은 콘덴서에 비축된 전하의 포텐셜 에너지, 정전 에너지이다. 두 극판을 도선으로 연결하면 이것을 통해 전류가 흘러 방전이 생긴다. 도선에 전기저항이 있으면 전류도 전하도 0이 되어 위의 정전 에너지와 같은 값의 열이 발생한다. 이처럼 정전 에너지는 열로 전환한다.

다음은 두 극판을 연결하는 도선이 저항이 없는 코일로 되어 있는 경우를 생각해 보자. 저항이 없어도 흐르는 전류는 제한받는다. 일반적으로 코일의 수를 늘리거나 코일에 철심을 사용하면 전류의 강도는 작아진다. 우선 하나의 코일을 통해 방전하는 과정을 보자. 방전을 시작하면 전류는 서서히 증가하고 어떤 시간에서 최대로 되고, 차차 감소하여 그때부터 같은 시간만큼 경과하면 0이 되며 콘덴서 양극판의 전하는 점차 감소하고, 전류가 최대에 이르렀을 때 0이 되나, 그 이후는 반대로 충전된 양극판의 전하는 $-q$와 q가 된다. 이번에는 전류가 역류하기 시작하여 같은 과정에서 처음의 상태로 돌아간다. 그 후는 같은 과정이 주기적으로 반복한다. 이 현상이 전기 진동이다.

이 전기 진동으로 양극판의 전하가 0이 되면 정전 에너지는

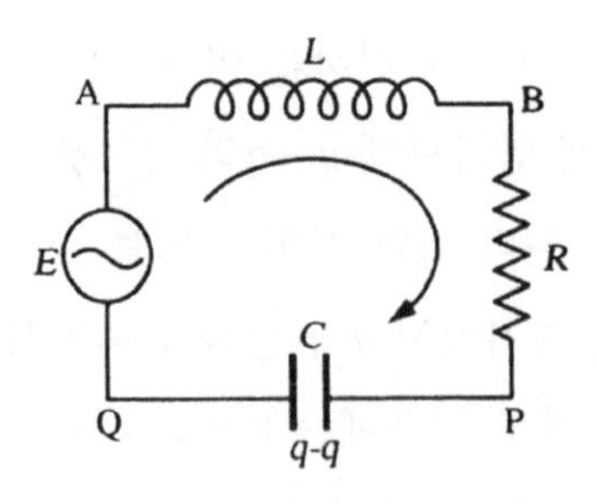

[그림 2] 코일, 저항, 콘덴서를 교류 전원에 직렬로 이은 예

0이다. 따라서 전류가 에너지를 갖고 있다고 생각되면 전류의 에너지를 포함한 에너지의 총량은 일정하다고 볼 수 있다. 실제로 전류의 에너지가 전류 I의 제곱에 비례한다면 이때의 전류 에너지와 콘덴서의 정전 에너지의 합은 일정하게 나타날 수 있다. 이때의 비례상수를 $L/2$라 한다. 전자기학의 이론을 적용하면 이 L은 자기 인덕턴스 혹은 단순히 인덕턴스라고 부르는 양이 된다는 것을 알 수 있다. 이것은 코일의 전류가 변할 때 그것을 방지하려는 작용, 즉 역기전력의 크기를 나타내는 것이다. 인덕턴스는 각각의 코일에 특유한 양이다. 여기에서는 설명의 형편 상, 코일을 생각하였으나 코일에 한하지 않고 어떠한 회로나 동일하다. 이 코일 등에 비축되어 있는 에너지가 $LI^2/2$가 되는 것을 나타낼 수 있다. 전하 q가 시간에서 변화하는 비율은 전류 I에서 이것은 좌표와 속도의 관계와 같으며 정전 에너지는 그 경우의 포텐셜 에너지에, 전류의 에너지는 운동 에너지에 대응한다. 또한 그 때 질량에 해당하는 것이 인덕턴스이다. 여기에서는 양극판을 잇는 도선에 저항이 없는 이상적인 경우를 고려하였으나 현실적으로는 저항이 있다. 그러나 그 경우도

저항 때문에 전류의 에너지가 열로 변화하는 것을 생각하면 다음은 같은 방식으로 다룰 수 있다. 이때 전기 진동은 점차로 작아지고 콘덴서가 처음 갖고 있던 에너지는 전부 열로 변한다.

화학적 에너지와 응집 에너지

석유를 태우면 다량의 열이 발생한다. 1kg의 석유가 연소할 때 생기는 열은 약 1만㎉(4만 2000kJ)이다. 이것은 분명히, 석유가 잠재적으로 갖고 있던 에너지가 연소하는 화학 반응으로 인해 열로서 나타난 것이다. 이 석유(가솔린)가 자동차 엔진 속에서 연소하면 갖고 있던 에너지의 일부는 자동차의 운동 에너지가 된다. 이것을 석유의 에너지로 볼 수 있으나, 이것을 그대로 물질의 화학 변화에 의한 에너지의 차이로서의 화학적 에너지로 볼 수는 없다.

화학적 에너지를 계산하는 데는 연소로 어느 정도의 열이 발생하였는지, 연소 전과 후에 관계하는 모든 물질이 보유하고 있는 열에너지 등이 어느 정도 달라졌는가를 알아야 한다. 석유의 연소에 관계되는 물질은 연소 전에는 석유 이외에 산소, 후에는 이산화탄소와 수증기가 있다. 그밖에, 공기 중의 질소나 기타 불순물도 관계된다. 그러므로 좀 더 간단하고 다루기 쉬운 고체와 기체의 반응을 예로 들어 보자.

한 예로서 산소와 마그네슘에서 1몰(mol)의 산화마그네슘이 생성되는 반응을 생각해 보자. '이과연표'를 보면 25℃에서 이 생성열은 143.7㎉로 되어 있다. 이것을 줄(J)로 환산하면 601.2kJ이 된다. 따라서 마그네슘과 산소는 산화마그네슘과 비교하면 이 값만큼 큰 에너지를 갖고 있는 셈이 된다. 그러나 이것이 그대로 반응할 때의 화학적 에너지의 변화는 아니다. 그 까닭은 반응 시에는 산소의 부피가 수축하고, 그로 인해 일과 동등한 에너지가 감소하기 때문이다. 1몰의 산화마그네슘이 생성될 때에는 1/2몰의 산소가 소비되므로 25°C에서는 이 값은 1.24kJ에 불과하다. 더 자세히 말한다면 생성열에서 이것을 공제한 600.0kJ이 1몰의 산화마그네슘과 이것을 구성하는 마그네슘 및 산소의 에너지 차인 것이다. 이런 물질의 화학 변화에 의한 에너지의 차이가 화학적 에너지이다.

이상에서와 수축에 의한 일을 계산하기 위해서 산소를 이상기체로 보면 1몰의 산소는

$$pV=RT$$

에 따른다. p는 압력, V는 1몰의 부피, T는 온도, R은 기체 상수이며, 그 값은 8.3143N·m/몰·K이다. 따라서 압력 p를 일정하게 하고 산소를 1/2몰로 감소할 때 부피의 감소는 $V/2$이며, 그때의 일은 $RT/2$이다. 이것으로 앞에서 말한 1.24kJ의 값을 얻을 수 있다.

이 에너지의 차도 온도에 따라 어느 정도 변하게 된다. 고체를 가열하면 액체가 되고 더욱 가열하면 기체가 된다. 이 고체 에너지와 기체 에너지의 차를 응집 에너지라 한다. 그러나 이 경우에도 기체가 부피를 축소하기 위해 방출하는 에너지 RT를 차감하여야 한다. 이 응집 에너지는 고체 에너지와 고체 원자가 분산된 상태의 에너지 차라고 보아도 무방하다.

물질이 원자와 분자로 구성되어 있다고 볼 때 이 화학적 에너

지나 응집 에너지는 원자 혹은 분자간의 포텐셜 에너지에서 계산할 수 있다.

에너지는 전환한다

지금까지 여러 가지 종류의 에너지에 대해 설명하였으나 이러한 에너지의 가장 본질적인 중요성이란 에너지는 전환하며 환산하여 모두 같은 단위로 나타낼 수 있다는 것이다. 여러 가지 에너지 중에는 직접 전환할 수 없는 것도 있으나 간접적으로는 전환할 수가 있다. 어떤 형태의 에너지도 열로 전환한다. 전환하여도 에너지의 총량은 변하지 않는다. 에너지는 항상 보존된다. 이처럼 일과 열에 한하지 않고, 이러한 것을 모두 에너지로 일반화하여 에너지 보존의 법칙을 확립한 것은 헬름홀츠(Hermann Ludwig Ferdinand von Helmholtz, 1821~1894)이며 1847년의 일이었다. 이 법칙은 에너지 불멸의 법칙이라고도 한다.

이처럼 전환하는 것은 에너지라는 하나의 양의 다른 형태로 볼 수 있으나 이런 여러 가지 형태로 모습을 바꾸고 또한 그 크기가 변하지 않는 에너지라는 양이 있다는 것을 분명하게 말한 것은 헬름홀츠가 처음이었으나, 당시 물리학자의 대부분은 이러한 양이 존재한다는 것은 망상이든가 형이상학적이라 하여 반대하였다. 그것은 멘델레예프(Dmitrii Ivanovich Mendeleev, 1834~1907)가 원소의 주기율을 제창하였을 때 많은 화학자로부터 비난받은 것과 같다. 그러나 결국 에너지라는 양이 있고 그것이 여러 가지 형태로 되고 그 총량은 불변이라는 에너지 보존의 법칙은 모든 물리학자가 인정하는 바가 되었다.

20세기가 되어 질량이 에너지 형태의 하나로서 추가되었다. 이것에 대해서는 8장에서 다시 설명하겠다. 오로지 여기에서 질량은 에너지로 전환하고, 질량을 광속도의 제곱으로 나눈 것을 에너지로서 환산할 수 있다는 것을 말하는 것으로 끝내겠다.

여러 가지 에너지가 상호 전환된다는 것을 이해한다는 것은 에너지라는 것을 잘 이해하는 것과 이어진다고 나는 생각한다.

댐에 저장된 물의 위치 에너지를 전기 에너지로 바꾸는 수력 발전

60년 이상이나 전에, 내가 초등학교 4학년 때, 소년들을 위한 과학 잡지에 '에너지 불멸의 법칙'이란 해설이 실려 있었는데 거기에는 다음과 같은 내용이 있었다. '댐에 저장된 물은 위치 에너지를 갖고 있는데 그것이 관을 통해 아래로 흘러 떨어지면 물은 위치 에너지를 상실하고 큰 운동 에너지를 얻는다. 이 물은 발전소로 유도되어 그 속에서 수차에 부딪쳐, 그것을 회전시키고 운동 에너지를 상실한다. 수차의 축은 발전기의 축에 직결되어 있어 수차의 회전운동 에너지는 발전기에서 전기 에너지로 변하고, 전선을 통해 도시나 공장으로 보내져 전등빛이나 공장 전동기의 운동 에너지가 된다'.

이 설명은 대단히 설득력이 있어 나는 소년이면서도 형태를 바꿔 가는 에너지를 마음 속에 그릴 수 있었다. 그 조금 후에 기차를 타고 중앙본선으로 오츠키(大月)까지 갔다. 가츠라 강(桂川)의 양쪽 방천에 산으로부터의 송수관이 골짜기의 수력발전소로 뻗어 있고, 물이 조용하게 발전소에서 흘러나오는 것을 보고 위치 에너지가 전기 에너지가 되는 것을 실감하였다. 이렇게 사람마다 나름대로 에너지가 변화하는 모습을 마음속에 새긴다는 것이 에너지의 이해에 도움이 되리라 여긴다.

영구기관

정지하고 있는 물체를 운동시키려면 외부에서 일을 해주지 않으면 안 된다. 하나의 축 둘레를 회전하는 바퀴의 경우도 같다. 이 바퀴는 외부에서 일을 해주지 않으면 축의 마찰이나 공기의 저항 때문에 차차 회전이 느려져 끝내는 멈추고 만다. 이러한 회전기계로서 외부에서 아무런 일을 해주지 않아도 회전을 계속하며 또한 외부에 대해 일을 하는 것이 영구기관이다. 회전기계만이 아니라 외부로부터의 일이 없어도 운동을 계속하며 외부에 일을 하게 하는 것이 영구기관이다.

이러한 영구기관이 있으면 수력, 풍력, 전기, 석유 등이 없어도 기계를 움직일 수 있다. 중세 유럽에서는 이러한 영구기관을 만들려는 시도가 여러 가지로 이루어졌다. 이것은 마치 비금속으로 금을 만들려는 연금술과 매우 흡사하다. 영주에게 자금을 투자하게 하고 계속 시도를 하였으나 결국 실패하고 기진맥진하여 도망간 경우도 허다하다. 또한 처음부터 될 수 없다는 것을 알면서 자금만 받고서 도망쳐 큰 돈을 번 사기꾼도 많았다.

그러나 영구기관을 만들려는 진정한 노력은 많은 수학자, 물리학자에 의해 이루어졌다. 인도의 수학자이자 천문학자인 바스카라(Bhaskara, 1114~1185)는 1150년경에 그의 저서에서 영구기관에 대해 언급하고 있다. 이것은 속이 빈 바퀴축의 반을 수은으로 채워 중력의 작용으로 바퀴의 영구운동이 계속되도록 고안한 것이었다. 이런 중력에 의한 영구기관의 생각은 인도에서 아라비아로 전해지고 그것이 유럽에 전해져 여러 가지 연구가 이루어졌다. 자주 그림으로 제시되고 있는 바깥쪽에 해머를 늘

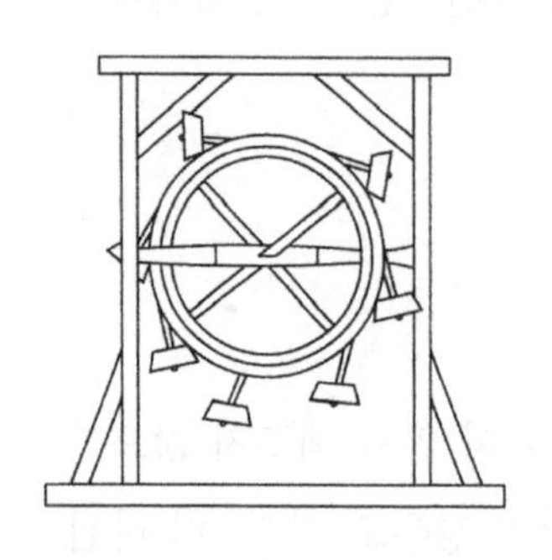

[그림 3] 영구기관의 한 예

어뜨린 바퀴 등이 그중의 하나이다([그림 3]).

레오나르도 다빈치(Leonardo da Vinci, 1452~1519)가 15세기에 적어둔 것('마드리드 수고') 속에 영구기관의 묘사도가 있는데 그는 이런 그림으로 영구운동은 불가능하다는 것을 나타내고 있다. 다빈치는 "영구운동의 연구는 실현 불가능한 인류의 쓸모없는 망상이란 것을 알게 되었다. 몇 세기 동안이나 수력기계나 전쟁 기구, 기타 정교한 장치에 관심을 갖고 있던 많은 사람들은 오랜 기간에 걸친 연구나 실험 또한 막대한 비용을 써가면서 이 연구에 몰두해 왔다. 그리고 언제나 끝내는 연금술사들과 같은 파경에, 다시 말해 사소한 실패 때문에 모두가 헛된 결과로 끝났다"라고 말하고 있다. 이어서 그는 "한때 나는 많은 사람이 분별없는 맹신에 사로잡혀 한밑천 잡으려고 꿈꾸면서 여러 지방에서 베네치아로 모여드는 것을 목격한 일이 있다. 그들은 흐르지 않는 물로 움직이는 물방아를 만들려고 하였던 것이다"라고 적고 있다. 이것은 당시의 상황을 잘 말해 주고 있다.

그러나 에너지의 개념이 확립되어 있지 않던 16세기에는 수력기계 등을 조립한 여러 가지 영구기관을 만들려는 많은 시도가 이루어져 그림 등으로 묘사된 것도 있다. 윌리엄 콩그리브가 19세기에 발표한 모세관 현상을 이용한 영구기관도 있다. 물론 어느 하나도 성공하지 못했다.

네덜란드의 마술사적 물리학자 드레벨(Cornelis Jacobzoon Drebe, 1572~1633)은 16세기 말에 갈릴레오(Galileo Galilei, 1564~1642)보다 앞서 공기 온도계를 발명하였으나 이것을 『원소의 성질에 대해서』라는 책에서 액체가 온도나 기압의 변화로 움직이는 것을 영구기관이라 하고 있다. 이것은 드레벨뿐만 아니라 17세기에 진공펌프를 발명한 게리케(Otto von Guericke, 1602~1686)도 제작한 공기 온도계의 공기를 넣은 금속구에 영구기관이라 쓰여 있다. 대기의 압력이라는 것은 그 후 파스칼(Blaise Pascal, 1623~1662)에 의해 밝혀졌으며 액면의 오르내림은 외부로부터의 작용 없이 일어나는 영구운동이 아니라는 것을 알게 되었다.

잼보니의 건전퇴

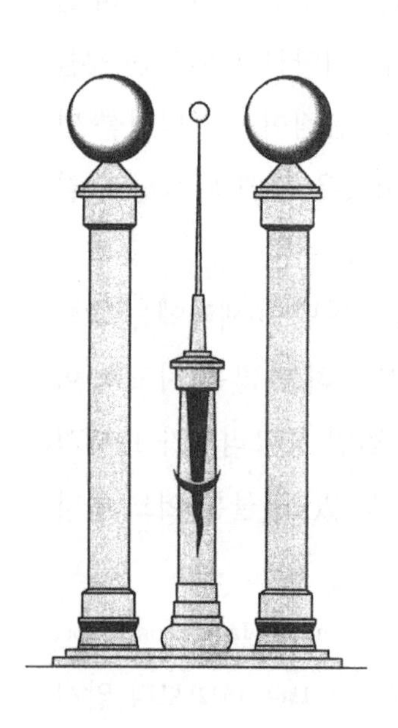

[그림 4] 잼보니의 건전퇴

전기나 자기가 발견되어, 이것을 이용한 영구기관을 만들려는 시도가 여러 가지로 이루어졌으나 어느 것도 성공하지 못하였다. 19세기에 이탈리아 물리학자 잼보니(Giuseppe Zamboni, 1776~1846)는 건전퇴([그림 4])를 이용한 영구기관을 만들려고 하였다. 건전퇴라는 것은 구리와 아연과 같은 2종류의 금속을 포개어 그 위에 습한 종이를 놓고, 거기에 구리와 아연을 겹쳐 놓고 이것을 반복하여 쌓아 올린 것이다. 이것은 볼타 전지를 직렬로 놓은 것과 같은 것으로 전퇴의 위와 아래는 플러스, 마이너스로 대전한다. 금박과 은박을 포개고 그 위에 마른 종이를 놓고, 이것을 수천 층으로 포갠 것이 건전퇴이다. 금박, 은박, 종이의 순서를 바꾸면 전기의 플러스, 마이너스가 거꾸로 된다. 이러한 플러스, 마이너스의 방향이 거꾸로 된 건전퇴를 2개 배열하고 그 상단 사이에 좌우로 회전하는 작은 바늘을 놓는다. 바늘이 한쪽 상단이 플러스로 대전된 건전퇴에 끌려 플러스 전기를 띠게 되면 마이너스로 대전되어 있는 건전퇴에 끌려 마이너스 전기를 띠어 다시 플러스의 건전퇴에 끌린다. 이때 바늘은 언제까지 2개의 건전퇴 사이를 왕복한다. 이 경우는 종이가 말라 있으므로 전기와 달리 물질의 소모 없이 바늘은 언제까지나 운동하는 영구기관이라고 생각하여 잔보니는 이 사실을 1812년에 발표하였다. 이것에 대해 독일의 물리학자 에르만은 장치 전체를 염화칼슘 건조기에 넣으니 건전퇴는 작용을 멈추고 건조기에서 빼내면 건전퇴가 작용하기 시작하는 것으로 건전퇴는 공기 중의 습기에 의해 작용한다는 것을 밝혔다.

공기 중의 습기가 전지의 산 같은 작용을 하였던 것이다. 따라서 잼보니의 건전퇴는 본질적으로는 전지를 직렬로 한 것에 불과하다는 것을 알게 되었다.

19세기 중엽에는 에너지 보존의 법칙이 널리 인정받게 되어 영구기관을 만들려고 시도하는 물리학자는 한 사람도 없었다. 결국 잼보니의 건전퇴는 물리학자가 만든 최후의 영구기관이었다.

여기에서 설명한 영구기관은 제1종 영구기관이라 부르는 것으로 이외에도 제2종 영구기관이 있는데 이것에 대해서는 4장에서 설명하겠다.

3

열과 온도

열은 에너지의 형태 중에서도 아주 특별한 것이다. 일반적으로 여러 가지 에너지는 상호전환하지만 열만은 예외이다. 모든 에너지는 열로 전환하지만 열 전부를 다른 에너지로 전환시킬 수는 없다. 일부는 열 그대로 남는다.

이 장에서는 열의 일로의 전환을 그 대표적 장치인 열기관에 대해 설명하고 이것과 관련하여 온도를 생각하기로 한다. 또한 동시에 일의 열로의 전환이나 온도의 경험적 정의 등도 상세하게 설명하고자 한다.

열과 일

처음으로 열과 일의 관계를 연구한 계기는 증기기관의 개량이었다. 1712년경, 영국의 뉴커먼(Thomas Newcomen, 1663-1729)이 탄광의 양수 펌프 동력원으로서의 증기기관을 만든 후부터 이것이 급속히 보급되었다. 뉴커먼 기관을 간략하게 한 것을 그림으로 나타내면 [그림 5] (a)와 같다. 보일러의 물은 밑의 불에 가열되어 계속 증기를 발생시키고 있다. 기관의 운전은 그림의 증기판과 수판을 사용하여 다음과 같이 이루어진다.

① 증기판을 열어 증기를 실린더 속에 넣는다. 증기의 압력으로 피스톤이 올라가고 펌프의 러트가 내려온다.

② 증기판을 닫는다.

③ 수판을 열어 냉수를 실린더 내에 분사하여 증기를 응축시킨다. 실린더 내의 압력은 감소하여 피스톤은 내려온다.

④ 수판을 닫는다. 다시 ①로 되돌아가 싸이클을 반복한다.

이것이 초기의 불완전한 증기기관이었는데, 증기기관의 동력원은 증기로 여겨져 기관의 효율은 그것이 소비한 증기의 양으로 측정되었다. 그 후 1769년에 제임스 와트(James Watt, 1736~1819)가 그림 5의 (b)에서 보는 것 같은 실제로 효율이 좋은 증기기관을 만들었다. 와트 기관에서는 증기를 응축할 때 물을 실린더에 주입하는 대신, 증기를 응축기로 유도하여 거기에다 냉수를 주입한다. 이렇게 하면 실린더의 벽은 뉴커먼 기관과 달리, 뜨거운 상태대로 있으므로 다음에 증기가 실린더에 들어갈 때에는 실린더 벽을 가열할 필요가 없고 증기의 소비량이 적게 든다.

이 증기기관이 하는 일의 동력원은 증기가 아니고 열이란 것을 말한 것은 카르노(Carnot, 1796~1832)였다. 이러한 사실을 1824년에 출판된 소책자에서 말하고 있다. 그중에서 그는 열이 동력을 만드

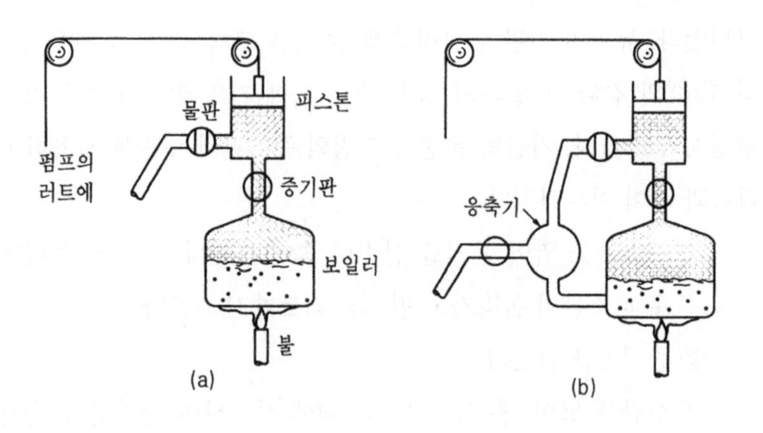

[그림 5] (a) 뉴커먼 기관 (b) 와트가 개량하여 응축실을 적용한 기관

는 기구의 기본을 해석하였다. 카르노는 열소설(熱素說)이 옳다고 믿고 있었다. 열소설에 의하면 열은 뜨거운 물체에서 찬 물체로 흐르는 유체이다. 열기관을 흐르는 열은 수력기관을 흐르는 물과 등가라고 해석되었다. 밑으로 흐르는 일정량의 물에 대해 낙차가 클수록 발생한 동력은 크다. 열도 마찬가지로 큰 온도차가 있는 곳을 낙하하면 같은 양의 열로써 보다 많은 일을 할 수 있다고 보았다.

카르노는 이것으로 인해 증기기관의 효율을 높이는 생각을 제시하였다. 또한 고온과 저온이 있으면 일을 할 수 있는 열기관을 만드는 것이 가능하므로 그 효율은 사용되는 물질에 의하지 않는다는 것을 제시하였다. 또한 카르노는 수증기는 증기를 발생하게 하는 보일러의 압력을 높이면 그 온도를 높여, 온도차를 크게 하여 효율을 높일 수 있다는 것을 보여줬다.

그의 일은 시대보다도 훨씬 앞서 있어 약 25년간 아무에게도 알려질 수 없었다. 실제로는 15년 정도 지난 다음에 클라페이롱(Émile Clapeyron, 1799~1864)이 이 논문을 발견하여 그 해설 논문을 썼으나 이것도 무시되었다. 카르노는 해설 논문이 나오기 전 1832년에 콜레라로 죽었다. 또한, 후에 카르노는 열소설이 틀렸다는 사실을 깨닫고 그것에 대한 것이 유고로서 남아 있었다.

카르노 사이클

카르노는 온도와 열기관의 효율 관계를 유도하기 위하여 카르노 사이클이라는 과정을 생각하였다. 물론, 이 책은 열역학의 교과서는 아니지만 열에너지에 대해 논의하려면 어느 정도 카르노 사이클에 대해 이해할 필요가 있다. 보통 교과서에서는 피스톤이 달린 실린더에 들어 있는 기체를 생각한다. 이것을 어떤 온도에서 등온팽창시킨다. 다음에 외부로의 열출입이 없는, 즉 단열변화로 팽창시킨다. 단열이란 것은 외부로의 열출입이 없다는 뜻이다. 이 단열팽창으로 기체의 온도는 낮아진다. 다음에 낮아진 온도로 등온압축을 한다. 마지막으로 단열압축시켜 기체를 처음 상태로 되돌린다. 이것이 카르노 사이클이다. 카르노의 논문에서는 따로 이것을 기체에 한정시키고 있지 않다. 일반적으로 카르노 사이클은 2개의 등온과정과 2개의 단열과정으로 이루어진 사이클을 가리키는 것이다. 카르노는 (1) '열소는 보존된다' (2) '영구운동은 불가능하다'라는 2가지 원리를 기초로 하고 있다.

또한 열역학의 교과서 등에서는 이러한 과정은 가역적이라고 하고 있다. 분명히 이론적인 엄밀성으로 보면 과정은 압력차나 온도차가 무한히 작고 완만한 가역과정이어야만 한다. 가역과정은 매우 서서히 이루어지므로 시간이 무한히 걸린다. 또한 이러한 여러 과정에서는 마찰이나 저항 등은 없는 것으로 하고 있다. 갈릴레오가 낙체의 등가속도 법칙을 유도할 수 있었던 것은 '공기의 저항이 완전히 없다'라는 현실과는 동떨어진 이상적인 극한 상황을 생각하였기 때문이다. 이 중에는 사고실험이라 하는 것이 좋을 것 같은 것도 있다. 이것은 사고 속에서 법칙에 따라 이루어지는 실험이다. 그러나 가역과정과 이것에 가까운 현실과정을 특별하게 구별할 필요가 없을 때에는 단순히 과정이라 하기로 한다.

카르노의 정리

기체의 카르노 사이클은 보통 [그림 6]에서 보는 바와 같이 pV도표로서 나타낸다.

이것은 (이상)기체에 대해 압력 p와 부피 V의 관계를 나타내는 것이다. 이 도표는 클라페이롱이 해설적 논문을 썼을 때 처음으로 사용한 것이다.

그림의 abc와 cd는 각각 온도를 t_1, t_2로 유지하였을 때의 기체의 등온선이다. be, da는 각각 기체의 단열선(열의 출입이 없는 것 같은 변화)이다. 여기서 a에서 abcd의 4개 과정을 이루고 a로 되돌아오는 사이클을 생각해 보자. 이 사이클의 ab와 cd의 과정에서 기체는 각각 온도 t_1, t_2의 열원, A, B에 접촉하고 있다. 이 사이클에서 외부로 작용하는 일 W는 이 abcd에 둘러싸여 있는 넓이와 같고 플러스이다. 또한 A는 기체에 열 Q를 주고 B는 기체에서 열 Q를 취

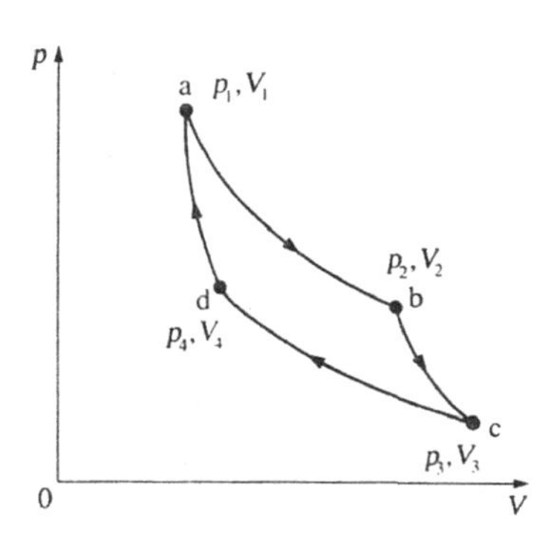

[그림 6] 카르노 사이클을 나타내는 pV 그림(p: 압력, V: 부피)

한다. 사이클을 반대로 dcba로 이루게 하면 일은 마이너스이나 크기는 같다. 또한 기체는 열 Q를 B에서 취하고 열 Q를 A로 돌려보낸다.

여기에 다른 열기관이 있어 A에서 같은 열 Q를 취하고 사이클에서 외부에 W'의 일을 한다고 하자. 이때 처음의 열기관에 역사이클이 동시에 일어나게 한다. 1사이클마다 $W'-W$ 일을 외부에 한다. W'가 W보다 크면 1사이클마다 플러스의 일만 하게 된다. 카르노가 말한 영구기관이 가능하게 되는 것이다. W가 W'보다 커도 같은 결과이다. 따라서 같은 두 열원 간 작동하는 열기관이 하는 일은 같아야만 한다. 카르노는 이것에 대해 '열동력은 그것을 제거하기 위한 작업물질에 의하지 않는다. 그 양은 열소가 최종적으로 이행하는 2개의 온도만으로 결정된다'라는 정리의 형식으로 나타내었다. 이것은 현재에는 '2개의 정해진 열원간 작용하는 모든 가역 사이클의 효율은 카르노 사이클의 효율과 같고, 모든 비가역 사이클의 효율은 이것보다 작다'라는 카르노 정리의 원형이다. 작업 물질이라는 것은 공기라든가 증기와 같은 열기관에서 사용되는 물질을 말한다.

이 카르노의 증명에서 기초가 되는 영구운동이 불가능하다는 것은 정확하나 열소가 불변이라는 것은 어떨까? 이는 당연히 틀린 것이지만 그 당시는 기체의 밀도가 작아지면 비열은 커진다고 보았다. 단열팽창에서 온도가 떨어지는 것도 그 때문이라고 여겨지고 있었다. 어떤 뜻에서는 카르노의 증명은 2개의 잘못이 서로 상쇄되어 올바른 결과를 이끌었다고도 말할 수 있다. 그러나 카르노의 증명은 문제의 요점을 예리하게 파악하고 있다는 것은 틀림없다.

줄의 실험

일의 열로의 전환에 대해서는 2장에서 간단히 설명하였다. 여기서는 하나의 에너지로서 열의 성질에 대해 좀더 상세히 생각해 보자.

2장에서 줄이 최초로 했던 열의 일당량 실험에 대해서 설명하였다. 그 후 1845년과 1847년에 그는 다음과 같은 장치를 사용하여 열의 일당량을 매우 정확하게 측정하였다. 이것은 물속에서 20쪽의 [그림 1]과 같은 날개바퀴를 회전시켜 그때의 물 온도상승에서 발생하는 열을 알 수 있는 것이다. 이 경우 날개바퀴만 회전시키면 물도 함께 움직이므로 물통에 방사상으로 된 칸을 만들어 그것에 날개바퀴가 겨우 통과할 수 있을 정도의 구멍을 뚫어 놓았다. 이렇게 함으로써 날개바퀴가 회전하여도 물은 그 구멍 때문에 돌아가지 않는다.

날개바퀴는 도르레 장치에 의해 추를 사용하여 회전할 수 있도록 되어 있다. 이때 추가 낙하한 높이에서 상실한 포텐셜 에너지를 알 수 있고 물의 온도상승으로 발생한 열을 알 수 있다. 줄은 이 실험으로 상실된 일에 비례한 열이 생기는 것을 입증하고 열의 일당량을 꽤 정확하게 측정하였다. 줄의 실험은 앞장에서 설명한 열이 에너지라는 사실을 직접 증명하는 것이다.

이때 날개바퀴로는 무엇을 혼합하였을까? 물의 온도는 높아져 있으나 전체로서는 정지하고 있다. 줄의 시대에는 아직 물과 같은 물질이 다수의 분자로 구성되어 있다는 사실을 모르고 있었다. 우리들은 물이 분자로 되어 있다는 것을 알고 있다. 이에 근거하면 물의 교반으로 격동하는 것은 분자운동이다. 그러므로 온도는 이들 분자의 미시적 운동과 관계 있다는 것을 알 수 있다. 또한 물을 직접 가열하여도 분자운동이 결렬하므로 날개바퀴에 의한 물의 교반으로도 물의 분자운동이 격렬해지는 것은 당연하다고 여겨진다.

온도계와 온도 눈금

열 이야기를 할 때 피할 수 없는 것이 온도이다. 온도는 앞 장에서 설명했듯이 차고 뜨거운 정도를 수로서 나타낸 것으로 이것을 측정하는 장치가 온도계이다.

현재 알려져 있는 가장 오래된 온도계는 약 2000년 전에 비잔틴의 피론(Pyrrhon, 360~270 B.C)이 만든 '온도 검지기'이다. 갈릴레오는 밑 끝이 열린 1개의 유리관 상단을 둥글게 한 것의 안에 기체를 넣어, 그 팽창에 의해 액체가 상승하도록 되어 있는 장치를 만들었다고 전해지고 있으나, 이는 헤론(Heron 120?~75? B.C) 저작집에 있는 피론의 장치도를 근거로 하여 만든 것이라고 여겨진다. 또한 갈릴레오는 1612년에 같은 원리로 움직이는 네덜란드인 드레벨(Cornelis Jacobzoon Drebel, 1572~1633)의 장치에 대해 알고 있었다. 지금은 드레벨이 온도계의 발견자로 여겨지고 있다.

앞서 말했듯 이 온도계 속의 액주(液柱)의 높이는 온도뿐만 아니라 기압에 의해서도 상승한다. 그 후 1657년에서 1667년 사이에 주로 실험적 연구를 한 피렌체의 아카데미 데르 티멘트의 회원들이 기압의 영향을 받지 않는 온도계를 처음으로 만들었다. 기체 대신 액체의 팽창으로 온도를 알 수 있는 것이었다. 속이 빈 유리구에 유리관을 이어, 그 속에 알코올을 봉입하고 관에 눈금을 매겼다. 그 눈금은 0에서 100까지였다. 0과 100이란 이탈리아 토스카나의 최저온도와 최고온도를 적용한 것이었으나 이것에는 보편성이 없었다.
17세기 말에 영국에서는 훅(Robert Hook, 1635~1703)이나 핼리(Edmund Halley, 1656~1742)가 이 정점을 결정하기 위한 시도를 하였다.
18세기에 유리기구 제작과 파렌하이트(Daniel Gabriel Fahrenheit, 1686~1736)가 정확한 알코올 온도계, 후에 수은 온도계를 만들고 온도 눈금의 3개 정점을 정하였다. 이것이 현재에도 영국이나 미국에서 사용되고 있는 파렌하이트 눈금(화씨 눈금)이다. 현재 우리들은 섭씨 눈금을 사용하고 있는데 이것은 1724년에 셀시우스(Anders Celsius, 1701~1744)가 물의 어는점과 끓는점을 0과 100(그러나 셀시우스 자신은 0과 100을 반대하였다)으로 정한 것이다. 이것에 대해서는 다른 의견도 있었으나 처음으로 이 눈금을 사용한 것은 식물학자인 린네(Carl von Linne, 1707~1778)였다고도 전해진다.

화씨 눈금으로는 체온을 96°F(35.56℃)로 하고 있다. 인간과 관련시켜 온도 눈금을 정했던 고대과학의 전통이 남아 있다고도 볼 수 있고 그만큼 우리들의 생활과 가깝다고도 할 수 있다.

열기관의 효율에서 온도 눈금을 정한다

줄의 실험으로 열은 에너지이며 열과 일은 서로 전환하는 양이라는 것이 밝혀졌다. 또한 기체의 비열은 밀도에 따르지 않고 일정하다는 것도 알았다. 톰슨{후의 켈빈(Lord Kelvin, 1824~1907)경}은 1848년 경, 카르노의 업적을 알고 카르노 정리의 증명과 줄 실험과의 모순으로 고민하였다. 그러나 그는 열이 에너지라는 것과 기체의 비열이 일정하다는 것으로 카르노의 정리는 아무런 모순 없이 증명된다는 것을 알았다.

켈빈 경은 이 카르노 정리로써 온도를 정할 것을 시도하였다. 2개의 물체가 있을 때 그중에서 온도가 높은 쪽을 고온 열원으로 하고 낮은 쪽을 저온 열원으로 하여 그 사이에서 작용하는 열기관의 효율을 고려하였다. 논의를 엄밀한 형식으로 진행시키려고 한다면 이때 열기관을 가역기관으로 볼 수 있다.

카르노의 정리에 의해 열기관의 효율, 즉 기관이 고온 열원에서 받는 열 Q_1과 기관이 외부에 대해 하는 일 W의 비율은 두 열원의 온도만으로 정해진다. 이 기관이 저온 열원에 미치는 열 Q_2는 Q_1-W이므로 Q_2/Q_1도 두 열원의 온도만으로 정해진다. 따라서 고온 열원의 온도를, 예를 들어 t_1으로 적당하게 정해놓으면 이 고온 열원보다 온도가 낮은 모든 열원의 온도 t_2는 t_1Q_2/Q_1으로 정할 수 있게 마련이다. 이것으로 작업물질 등에 의하지 않고 온도를 정할 수 있으나 이것이 보편적이라고 하기에는 따로 고원 열원을 선정하였을 때에도 같은 값의 온도가 된다는 것을 나타내어야만 한다. 이것에 관한 논의는 약간 복잡해지므로 생략하기로 하자.

이처럼 정해진 온도 눈금을 열역학적 온도 눈금 또는 절대온도 눈금이라고 부른다. 이 온도 눈금을 열역학적이라 하는 것은 이것을 정하는 것이 열역학 제2법칙에 의하기 때문이라고 여겨지나,

열기관의 전형인 스타링 기관

실제로 켈빈 경은 이 법칙을 발견하기 훨씬 이전에 지금까지 설명한 방법으로 이 눈금을 정하였다. 절대온도라고 하는 것은 섭씨 눈금이나 화씨 눈금 같이 물 같은 특정 물질의 물성에 따르지 않는 것을 뜻하는 것 같다.

그러나 실제로 물체의 온도 등을 정하는 데 열기관을 사용하는 것은 아니다. 온도 측정에는 기체의 팽창 등을 이용하므로 그렇게 정해진 온도가 될 수 있는 한 열역학에서 정해진 것과 가까워지도록 하여야 한다. 그것은 단일성질로서 정해지는 것이 아니며 많은 성질로부터 전체로서 열역학의 이론과 모순이 없도록 하여야 한다. 이것은 쉬운 일이 아니며 현재에도 완전히 정해져 있는 것은 아니다. 이것을 정밀화하려는 노력은 끊임없이 이루어지고 있다.

이 책에서는 단순히 온도라 하면 열역학적 온도를 지칭하는 것으로 한다.

국제단위계의 온도

열역학적 온도 눈금은 어떤 하나의 온도를 결정하지 않으면 그 값이 정해지지 않는다. 이에 비해 현재의 국제단위계는 물의 고체, 액체, 기체의 3상이 공존하는 3중점의 온도가 273.16이 되도록 정해져 있다. 이 방법에 의하면 물이 어는점이 273.15, 끓는점은 373.15에 매우 가깝다. 국제단위계의 온도 단위는 켈빈이라 하며 기호는 K로 나타낸다. 또한 1000분의 1, 100만분의 1을 밀리켈빈, 마이크로켈빈이라고 하며 각각 mK, μK로 나타낸다. 섭씨 눈금은 켈빈으로 나타낸 온도보다 273.15 적은 수로 정의한다.

이러한 국제단위계 혹은 그것을 근거로 하여 정해진 수치로 정의한 단위는 어떤 의미에서는 우리들의 생활 감각과는 직접적인 관련이 많지 않다. 가령 물의 어는점과 끓는점을 0℃와 100℃로 정한 섭씨온도 쪽이 잘 알려져 있으며 친근감도 있었다. 그러나 물리학이라는 학문의 입장에서 애매한 정의란 허용될 수 없다. 예를 들어 물의 끓는점이라 하여도 그때의 압력을 정해야만 한다. 또한, 그 압력을 어떤 단위로써 나타내어야만 한다. 이것에 대해 물의 3중점의 온도는 물 고유의 성질이며 다른 단위와는 관계가 없다. 또한 어는점과 끓는점, 두 개를 필요로 하지 않고 3중점의 온도만으로 충분한 것이다. 일상의 여러 가지 경우에 이 물리학 정의를 강요하는 데는 저항이 있기 마련이다. 그러나 상거래나 법률문제와 관련되면 역시 문제는 복잡해진다.

또한 온도의 국제단위 도입에 의해 온도라는 양을 물리량으로서 다른 여러 양과 전적으로 동등한 것으로 간주하게 되었다. 내가 물리학 공부를 시작하였을 당시만 해도 온도는 질량이나 길이와는 전혀 다른 양이었다. 따라서 온도의 단위는 ℃인 것 같이 °(도)를 붙여 나타내었다. 그러므로 1000분의 1을 밀리켈빈(mK)이라 하는 것처럼 밀리를 붙여 나타낸다는 것은 생각하지도 않았다.

이상기체

일정량의 기체의 온도를 일정하게 하여 부피를 작게 하면 압력은 증가한다. 기체의 밀도가 작아지면 그 압력은 부피에 반비례하여 증가한다. 이것은 누구나 알고 있는 보일(Robert Boyle, 1627~1691)의 법칙이다. 한편 이러한 기체에서 압력을 일정하게 하여 온도를 높이면 부피는 팽창하고 그 증가는 온도의 상승에 비례한다. 이 관계는 보통 샤를(Charles, 1746~1823)이 1787년경에 발견하였다 하여 흔히 샤를의 법칙으로 부르나 샤를의 실험에는 부정확한 데가 있다. 또한 그는 이 결과를 공표하지 않았다. 기체의 정확한 실험적 연구에서 이 법칙을 발견한 것은 게이뤼삭(Joseph Louis Gay-Lussac, 1778~1850)이며 1802년의 일이다. 과학사가(科學史家) 사이에서는 이 법칙을 게이뤼삭의 법칙이라고 부른다.

게이뤼삭은 산소, 질소, 수소, 이산화탄소 등 많은 종류의 기체에 대해 실험을 하고, 0℃와 100℃ 사이에서 이들 기체는 종류에 관계없이 0.375의 부피가 증가한다는 것을 발견하였다. 지금은 이 값이 0.366으로 되어 있다.

이러한 기체는 이상기체라고 불리우며 압력 p와 1몰의 부피 V와 온도 T는 $pV=RT$라는 법칙에 따른다. R을 기체 상수라고 하며 온도를 켈빈으로 나타내면 8.31441J/K이다. 이 법칙은 보일의 법칙과 게이뤼삭의 법칙을 합친 것으로 이상기체의 법칙이라고 한다.

현실의 기체는 이상기체와는 다소 다르나 밀도가 작아지고 온도가 높아지면 이상기체에 가까워진다.

이상기체의 비열

이상기체의 성질에는 위에서 설명한 이상기체의 법칙 이외에 또 하나의 중요한 성질이 있다. 그것은 이상기체의 내부 에너지가 온도만으로 정해지며 부피에 의하지 않는다는 것이다. 내부 에너지라는 것은 물체의 에너지 중에서 전체로서의 중심 운동과 포텐셜 에너지를 제거한 물체가 보유하고 있는 에너지라고 보아도 무방하다. 일반적으로 열평형인 물체의 내부 에너지는 온도가 같으면 부피에 따라 변한다.

보통 단위 질량의 물질 온도를 1K만큼 높이는 데 필요한 열, 즉 열용량을 비열이라고 한다. 또 이것과는 달리 1몰 물질의 열용량을 몰비열이라 한다. 이 책에서는 대부분의 경우, 몰비열 쪽을 사용하므로 지금부터는 몰비열을 단순히 비열이라 부르기로 한다.

흔히 비열은 온도를 높일 때의 조건에 따라 그 값이 달라진다. 특히 부피를 일정하게 하여 온도를 높일 경우의 비열을 정적(정용) 비열이라 하고 C_V로 나타내며 이것에 대해 압력을 일정하게 한 비열을 정압비열이라 하며 C_P로 나타낸다. 고체나 액체에서는 정적비열과 정압비열의 차이는 별로 크지 않으나 기체에서는 그 차가 적지 않다.

압력을 일정하게 하여 1몰의 이상기체 온도를 1K 높이면 부피가 V/T만큼 커진다. 이것에 필요한 일은 이것에 p를 곱한 것으로 바로 R이 된다. 따라서 C_P-C_V는 R과 같다.

정적비열은 부피를 일정하게 하여 온도를 1K 높였을 때의 1몰 물질의 내부 에너지를 U로 하면 C_V는 dU/dT이다. 이상기체에서 내부 에너지는 온도만의 함수이므로 정적비열 C_V도 온도만의 함수이며 부피에는 의하지 않는다. 이상기체에서는 정적비열, 즉 정압비열도 거의 일정하므로 내부 에너지는 온도에 비례한다고 보아도 좋다.

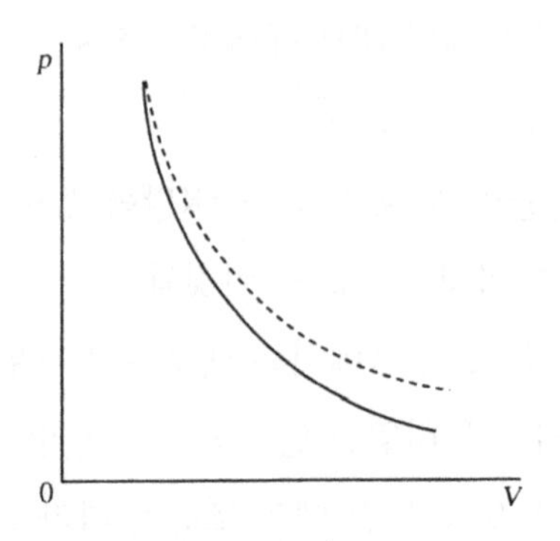

[그림 7] 이상기체의 압력(p)과 부피(V)의 관계

이상기체의 압력과 부피의 관계는 [그림 7]의 점선으로 나타낸 것 같은 쌍곡선을 이룬다. 이상기체가 일정 온도의 열원에 접촉하여 등온팽창하면 외부에 일을 해주므로 그것에 해당하는 양의 열을 열원에서 획득하여야만 한다. 기체의 내부 에너지는 팽창하여도 변화하지 않는다. 등온수축의 경우도 같다.

그렇다면 단열선은 어떻게 될 것인가. 단열선의 경우 외부로부터 열은 가해지지 않으므로 밖으로 해준 일만큼 기체의 내부 에너지가 감소하고 그만큼 온도가 떨어진다. 같은 부피에서 온도가 떨어지면 그만큼 압력이 낮아지므로 그림의 실선 같이 단열선의 경사는 등온선에 비해 커진다는 것을 알 수 있다.

단열변화시의 압력과 부피의 관계를 알기 위해서 상태방정식 $pV=RT$에서 시작한다. 기체의 내부 에너지가 온도에 비례한다고 하며 온도 대신에 내부 에너지를 변수로 하면 상태방정식은 $pV=aU$로 쓸 수 있다. a는 비례상수이다. 이 식을 적용해 계산하면,

pV^r=일정 $\gamma=a+1$

의 관계를 얻는다. 이 γ를 단열지수라고 한다. 단열지수는 1보다 크므로 단열선의 경사는 등온선보다 커진다.

비열 C_V, C_P이를 적용하면 U는 C_VT이므로 계수 a는 R/C_V이고 단열지수는 $\gamma=1+(R/C_V)=C_P/C_V$

즉, 정압비열과 정적비열의 비와 같다. 단열지수의 값은 기체에 따라 다르나, 대표적 기체인 산소나 질소에서는 1.33이다.

여기에서는 단열팽창만을 설명하였는데 단열수축도 마찬가지이다.

이상기체의 카르노 사이클

기체의 카르노 사이클은 보통 45쪽에서 보는 바와 같이 pV도표상에 나타낸다. 여기에서는 두 열원의 온도는 K로 나타내어 T_1, T_2로 한다.

이상기체에서 그림의 등온과정 ab, cd로 외부에 대해 한 일, 외부로부터 하여진 일은 고온 열원 A에서 받은 열 Q_1으로부터 저온 열원에 주어진 열 Q_2를 공제한 것과 같다. ab, cd는 등온변화이므로 어떤 경우에도 내부 에너지는 일정하다. Q_1은 과정 ab에서 이상기체가 외부에 대해 한 일과 같으므로 이상기체의 상태방정식을 적용하면

$$Q_1 = RT_1\int_{V_a}^{V_b}(1/V)dV = RT_1\ln(V_b/V_a)$$

역시,

$$Q_2 = RT_2\ln(V_c/V_d)$$

로 된다. 여기서 V_a, V_b, V_c, V_d는 상태 a, b, c, d에서의 부피이다. 등온선 ab, cd와 단열선 bc, da에 대한 부피와 압력을 제거하면 $V_b/V_a = V_c/V_d$의 관계를 얻게 된다. 이 관계를 적용하면 $Q_1/Q_2 = T_1/T_2$를 얻게 된다. 이것은 열기관의 효율에서 정의한 온도에 대해 으레 성립될 수 있는 관계이다.

에너지로서의 열의 특징과 에너지의 열성화

에너지는 여러 가지 형태가 있으나 그중에서 열에너지는 다른 에너지에 없는 하나의 성질을 갖고 있다. 열 이외의 에너지는 모두 다른 에너지로 전환한다. 또한 직접 혹은 간접적으로 전부 열로 전환하는 것이 가능하다. 이에 반해 열을 전부 일 또는 기타의 형태로 바꾸는 것은 불가능하다. 열을 일로 바꿀 때는 열이 온도가 다른 두 장소에 있어야 한다. 또한 그 사이에서 작용하는 가역기관의 효율로 주어지는 이상의 것을 일로 하기란 불가능하다. 반드시 열의 일부가 온도가 낮은 장소로 이동한다. 이때 더욱 온도가 낮은 장소가 없는 한 그 열은 일로 변하지 않는다. 주위의 환경이 변하지 않으면 열은 언제까지나 다른 형태로 되지 않는다. 이것은 다른 형태의 에너지에서 볼 수 없는 것으로 열에너지의 특유한 것이다. 열에너지가 다른 에너지에 비해 특별한 것이라는 것을 처음으로 지적한 건

플랑크(Max Karl Ernst Ludwig Planck, 1858~1947)였다고 한다.

열은 높은 온도로 있으면 그 일부를 다른 에너지로 전환할 수 있으나 낮은 온도로 옮겨진 열은 이용할 수 없다. 이러한 열은 열성화熱性化되었다고 한다. 온도는 열의 열성화의 정도를 나타내는 것으로 보여진다. 즉 온도는 열에너지의 성질을 나타내는 것이다.

이 책의 처음에서 설명한 에너지의 소비라는 것은 여기에서 말하는 에너지의 열성화라고 보아도 무방하다. 가령 열기관에서 저온 열원에 방출된 열은 열성화되어 있으나 에너지로서는 불변이며 소실되어 있지 않다. 이처럼 에너지의 '열성화'를 '소비'라고 하는 것이 일상 용어와 물리학 용어 사이의 혼란의 원인이지만 이 열성화의 의미가 갖는 에너지 소비의 개념 그 자체는 중요하다. 이 문제는 나중에 논하기로 한다.

4

엔트로피와
자유 에너지

엔트로피는 에너지와 밀접한 관계를 갖는 양이다. 엔트로피가 에너지 중에서 직접 관계되는 것은 열이다. 또한 엔트로피의 개념을 이해함으로써 비로소 에너지 개념을 완전히 이해할 수 있다고 보아도 무방하다. 엔트로피는 에너지와는 독립적인 양이며 그 자체가 여러 가지 특수한 성질을 갖고 있으나, 여기서는 엔트로피의 기초적인 성질과 에너지에 관련된 성질을 다루기로 하자.

자유 에너지는 에너지 중에서 온도를 일정하게 보유하는 변화로서 그 특수한 성질을 나타내는 양이며 특히 열역학의 응용에서는 중요한 역할을 한다.

열역학 제2법칙

3장에서 설명한 것 같이 카르노는 '영구운동은 불가능하다'라는 원리를 카르노 정리를 증명하는 기초로 삼고 있다. 두 열원 사이에서 작용하는 열기관 중에 효율이 다른 것이 있으면 영구운동은 가능하므로 이러한 열기관의 효율은 모두 같아야 한다는 것이다.

카르노는 '영구운동은 불가능하다'라는 원리 외에 '열소는 보존된다'라는 다른 원리를 카르노 정리를 증명하는 기초로 하였다. 캘빈 경은 1848년경에 카르노의 논문을 발견하여 읽고, 일이 열로 전환한다는 줄의 실험과의 모순 때문에 고민하였다. 캘빈 경은 이때 카르노 정리를 기초로 한 열역학적 온도 눈금을 발견하였다.

한편 이 모순의 문제를 처음으로 해결한 것은 클라우지우스(Rudolf Julius Emanuel Clausius, 1822~1888)였다. 1850년에 클라우지우스는 열이 등가의 일로 전환된다하여도 카르노의 정리는 그대로 성립된다는 것을 입증하였다. 그 증명은 앞 장에서 설명하였다.

고온 물체에서 저온 물체로 열이 흐를 때 외부에서 일이 가해져 그 열을 저온 물체에서 고온 물체로 되돌릴 수는 있으나, 열이 단독으로 저온 물체에서 고온 물체로 되돌아가는 일은 생기지 않는다. 만일 되돌아갔다면 그 열을 사용하여 일을 하고 그것을 반복하여 얼마든지 일을 할 수 있는 영구기관이 생길 수 있기 때문이다. 또한 이 영구기관은 에너지 보존의 법칙과는 모순되지 않는다. 클라우지우스는 이런 사실을 '고온 물체에서 저온 물체로 열이 흐르는 현상은 비가역이어서 원상태로는 되돌릴 수 없다'라는 법칙의 형태로 표현하였다. 이 법칙을 열역학의 제2법칙이라고 한다.

이것에 대해 앞에서 설명한 열과 일의 등가성을 나타내는 법칙을 열역학의 제1법칙이라 부른다. 이 법칙은 에너지 보존의 법칙이며 '폐쇄된 계의 내부 에너지의 증가는 밖에서 계로 흘러들어온 열과 계가 외부에 대해 해준 일과의 차와 같다'라고 표현하고 있다.

캘빈 경은 1851년에 이 제2법칙을 '한 열원에서 열을 얻고, 이것을 일로 바꿀 뿐이지 다른 어떠한 변화는 남기지 않으면서 주기적 조작을 하는 장치를 만드는 것은 불가능하다'라는 형식으로 표현하였다.

제2종 영구기관

클라우지우스는 열이 저온 물체에서 고온 물체로 혼자서 흐른다고 하면 이 열을 반복 사용하여 영구기관을 만들 수 있다는 것으로 제2법칙을 증명하였다. 이 영구기관은 에너지 보존의 법칙과는 조금도 모순되지 않는다.

이러한 기관이 생긴다면 선박은 이것을 싣고 바닷물을 올려 그것에서 열을 취하고, 그 열로 증기를 발생시켜 기관을 운전하고 열을 취한 물은 얼음으로 바꾸어 바다에 버린다. 연료의 소비 없이 배를 움직일 수 있게 될 것이다. 즉 바닷물이 내부 에너지를 상실하고 그 에너지로 증기가 생기므로 에너지 보존의 법칙에는 전혀 저촉되지 않는다.

물론 이러한 일은 이루어질 수 없으므로 제2종의 영구기관은 불가능하며 제2법칙은 에너지 보존의 법칙과는 독립적인 법칙으로서 존재하고 있다. 이 열역학의 제2법칙에 대한 에너지 보존의 법칙이 열역학의 제1법칙이다. 또한 이 장의 처음에서 설명했듯이 에너지 보존의 법칙에 위배되는 영구기관을 제1종 영구기관이라 한다.

엔트로피란

엔트로피라는 양을 최초로 도입한 것은 클라우지우스이며 1865년의 일이었다. 최근 이 엔트로피라는 양은 물리학 이외의 분야에서도 잘 쓰이게 되었다. 그중에는 엔트로피 개념의 남용이나 지나친 유추적 사용도 없는 것은 아니다. 그러나 매우 난해하였던 엔트로피란 말이 에너지와 마찬가지로 일상적으로 쓰인다는 것은 환영할

만한 일이다. 또한 엔트로피는 엉터리의 정도를 나타내는 양으로서 여겨지고 있으나 이 엔트로피와 확률의 관계에 대해서는 5장에서 언급하기로 하겠다.

이 책은 원래 에너지를 주제로 하고 있는데 엔트로피도 에너지와 관련되므로 다루기로 하겠다. 그러므로 다소 이해하기 어렵지만 열역학의 범주 내에서의 정도를 따르는 결과가 된다. 그러나 클라우지우스의 도입법 그 자체는 매우 수학적이며 다소 어려우므로 여기에서는 대체로 물리적으로는 동등한 방법으로 그 개요만을 설명하는 것으로 끝내겠다.

카르노는 열소의 양은 불변이며 고온 열원에서 저온 열원으로 떨어질 때 일이 생긴다고 하였다. 그러나 열의 양은 불변이 아니고 열이 일로 변한다는 것은 이미 설명한 바와 같다. 그렇다면 그때, 어떤 것이 고온 열원에서 저온 열원으로 떨어질 때 변하지 않는 것은 없을까? 여기서 열 Q_1이 온도 T_1의 고온 열원에서 온도 T_2의 저온 열원으로 떨어질 때에 Q_1의 열이 이 열원으로 가지만, Q_1-Q_2의 일을 외부로 한다. 이때 열을 온도로 나눈 양 Q/T를 생각하면 Q_1/T_1은 Q_2/T_2와 같으므로 Q/T가 이 온도의 낮은 곳으로 떨어져도 변하지 않은 것이 된다. 이 Q/T라는 양을 엔트로피라고 부르기로 하고 S로 나타낸다. 이런 간단한 경우에는 엔트로피 그 자체의 총량은 변하지 않는다. 단지 이 경우에는 여러 가지 조건이 있는데 그것에 대해서는 다음 절에서 설명하기로 하자.

엔트로피와 제2법칙

앞 절에서 설명한 것은 특별한 경우이며 다음 두 가지 경우에 일반성이 결여되어 있다. 하나는 두 열원 사이의 열기관만을 고려하고 있는 점이고 또 하나는 가역변화만을 다루고 있는 점이다.

가역 사이클만을 고려할 때는 열원이 여러 개 있어도, 또한 여러 열원과 열의 주고받기를 하는 열기관이 여러 개 있어도 마찬가지이다. 열기관이 여러 열원에서 열을 받을 때는 열에도 엔트로피에도 마이너스 부호가 붙었다고 생각하면 된다. 하나의 열기관이 두 열원에서 주고받는 엔트로피의 합은 0이므로 열기관이 몇 개 있어도 서로가 주고받는 엔트로피의 총합은 0이다. 또한 온도 T에서 dQ의 열이 더하여졌을 때의 엔트로피의 증가는 $dS=dQ/T$이다.

우선 온도 T_1, T_2의 고온 열원 A, 저온 열원 B 사이에 작용하는 가역기관에서 A로부터 주어지는 열을 Q_1, B에 주어지는 열을 Q_2로 하면 Q_1/T_1은 Q_2/T_2와 같다. 같은 두 열원 사이에서 작용하는 비가역기관을 고려하고, 그것이 고온 열원 A에서 같은 양의 열 Q_2가 주어진다고 할 때, 저온 열원 B에 주어지는 열 Q_2'은 Q_2보다 크다. 그렇지 않으면 가역기관을 반대로 작용시켰을 때, 한 싸이클마다 저온 열원만으로부터 열 Q_2-Q_2'의 열을 받아 이것만의 일을 하게 되어 영구기관이 생기기 때문이다. 이 경우 A의 엔트로피는 Q_1/T_1만큼 감소하고 B의 엔트로피는 Q_2'/T_2만큼 증가한다. 그러므로 열원 A, B와 열기관을 합친 계系의 엔트로피는 $(Q_2'/T_2)-(Q_1/T_1)$만큼 증가한다.

이 계와 같이 밖에서 열을 가하지 않아도 계 내에서 비가역현상이 생기면 엔트로피는 증가한다. 비가역현상을 수반하지 않고 이 엔트로피의 증가가 생긴 상태로 하려면 외부에서 열을 가하여야 한다. 이것에 반해 가령 어떤 계에서 열을 취하지 않고서도 엔트로피가 감소한 상태가 되어 있다면 이 상태를 실현하는 데는 계에서 열을 취하여 이것을 전부 일로 바꿀 수밖에 없다. 그러나 이것은 제2법칙에 저촉되는 결과가 된다. 따라서 단열계, 즉 외부로 열의 주고받기를 하지 않는 계에서 엔트로피가 감소한다는 것은 제2법칙에 위배된다. 바꾸어 말하면 엔트로피가 단열계에서는 감소하지 않는다는 것은 열역학 제2법칙의 다른 표현인 것이다.

이것은 계 밖에서 가해진 열을 dQ로 하면 비가역변화에서는 엔트로피의 변화 dS는 dQ/T보다는 크다는 것이다. 또한 가역변화와 비가역변화를 함께 $dS \geq dQ/T$로 적을 수 있다. 단열변화에서 dQ는 0이므로 $dS \geq 0$에서, 특히 가열가역 변화의 경우에는 $dS=0$이며 엔트로피는 일정하다.

상태가 정해지면 엔트로피도 결정된다

이야기를 간단하게 하기 위해 이상기체의 상태를 44페이지의 [그림 6]으로 나타내기로 하자. 여기서 a에서 c로 변화 하는데 abc란 경로를 거치는 경우와 adc란 경로를 거치는 경우를 비교하자. 엔트로피는 dQ/T를 그 경로에 따라 가하면 된다. 이 두 경로에서의 등온선에서 기체가 각각 열원 A, B에서 받아들이는 열은 앞에서 설명했듯이 이들 열원의 온도에 비례한다. 따라서 dQ/T를 각각의 경로에 가하면 그 빛은 동등하게 된다. 이때 단열선 위에서는 이들을 더한 것은 0이다. 따라서 이 두 경로에 다른 c의 엔트로피 값은 일치한다.

이들 2개의 등온선만이 아니고 등온선과 단열선에서 생긴 더욱 복잡한 선으로 c에서의 엔트로피를 계산하여도 결과는 같다. 또한 이들 등온선과 단열선을 작게 한 극한으로서의 곡선이라 하여도 이 과정이 가역이면 여기에 dQ/T를 가하여 얻어지는 엔트로피의 결과는 동일하다. 이러한 사실로서 열평형 상태의 엔트로피 S는 상태가 결정되면 정해진다. 그러나 이 이야기의 상태 a와 같이 한 점의 엔트로피의 값을 정해놓지 않으면 결정되지 않는다. 이것은 엔트로피에 부가하는 상수 S_0를 어떻게 선택하는가 하는 문제이다.

이러한 일은 이상기체에 한정된 것이 아니다. 어떤 것이라도 열평형에 있으면 같은 방법으로 엔트로피를 정할 수 있다.

열역학적 변수

일정량의 물질의 상태를 정하는 데는 압력 p, 부피 V, 온도 T와 같은 양을 부여하면 된다. 이처럼 상태를 정하는 변수를 상태변수라고 부른다. 기체와 액체에서는 상태변수를 2개만 정하면 상태가 결정된다. 고체에서는 일반적으로 복잡하나 여기에서는 상태변수가 2개만으로 결정되는 경우를 생각한다. p, V, T의 사이에는 상태방정식이 있어 2개를 결정하면 남은 1개가 결정된다.

물론 상태변수는 p, V, T의 3개만이 아니다. 내부 에너지 U도 상태변수이다. 그 이외에 내부 에너지에 압력과 부피의 곱을 더한 $U+pV$인 엔탈피도 상태변수이며 이것을 H로 적는다. 앞 절에서 설명한 엔트로피 S도 상태변수이다. 그러므로 p, V, T, S, U, H, 6개의 상태변수 중 어느 2개를 선택해도 상태를 결정할 수 있다.

이때 열 Q는 상태변수가 되지 않는다는 데 유의하여야 한다. 예를 들면 1개의 상태에서 또 다른 1개의 상태로 옮길 때 외부에서 부여되는 열은 이행의 방법에 따라 달라진다. 물론 가역과정에 한정하였을 때의 경우이다. 이 점이 엔트로피 S와 전혀 다르다.

헬름홀츠의 자유 에너지

하나의 단진자의 에너지가 가장 낮은 상태는 말할 나위도 없이 최저점에 정지하고 있는 경우이다. 그러나 이 진자가 이것보다도 에너지가 높은 상태에 있으면 일정한 평균 운동 에너지와 평균 포텐셜 에너지를 갖는 상태가 된다. 단진자처럼 1개의 입자만이 아니고 다수의 입자로 이루어져 있는 계에서도 사정은 동일하다. 전입자의 운동 에너지와 입자의 포텐셜 에너지의 총합 평균은 일정하기 마련이다. 물질은 다수의 분자나 원자로 이루어져 있는데 이러한 사정은 모두 같다. 그러나 이 평균 에너지를 안다는 것은 결코 쉬운 일이 아니므로 여기에서는 열역학의 도움을 받아 물질의 구조에 구애받지 않고 문제를 다룰 수 있는 방법을 생각해 보자.

기체 등의 물질을 용기 속에 채워 방치해 두면 어떻게 될 것인

가. 이때 용기의 벽은 단열벽으로 고정되어 있어 외부로부터 열을 주고받거나 일의 주고받음도 없다고 하자. 이러한 용기 속의 물질의 내부 에너지 U는 일정하다. 그러나 열평형이 아니면 엔트로피 S는 변화하나 단열계이므로 결코 감소하지는 않는다. 따라서 계의 엔트로피는 점차 증가하여 극대치에 이르고 열평형을 이룬다.

단열벽의 용기에 넣어 둔다는 것은 매우 특수한 조건이며 현실적으로는 별로 고려할 수 없다. 조건으로서는 내부 에너지 U를 일정하게 하는 것보다 온도 T를 일정하게 하는 것이 실제적이다. 이것은 계를 항온조(恒溫槽) 속에 넣었다고 보아도 좋다. 물론 벽은 고정되어 있어 외부와 일의 주고받기가 없었다고 여겨진다. 이 계의 내부 에너지 U의 증가 dU는 외부로부터의 열 dQ와 같다. dQ가 마이너스일 경우도 동일하다.

이처럼 온도와 부피를 일정하게 한 계에서 엔트로피와 같은 역할을 하는 열역학적 변화가 없을까 하는 것도 생각해 볼 수 있다. 다시 말해 이러한 계에서 계속 증가하여 열 평형에서 최대치에 이르는 것 같은 것이 없을까 하는 것이다. 그와 같은 양이 실제로 존재한다는 것을 다음과 같이 나타낼 수 있다.

여기서,

$$F=U-TS$$

로 정의되는 양 F를 생각해 보자. 이것을 헬름홀츠의 자유 에너지라고 부른다. 이 F라는 양은 마치 앞에서 설명한 성질을 갖고 있다는 것을 다음과 같이 나타낼 수 있다. 등온변화에 대해 T는 변화하지 않으므로 F의 변화에 대해

$$TdS=dU-dF$$

의 관계를 얻을 수 있다. 이 경우에는 벽이 고정되어 있어 $dU=dQ$이므로 제2법칙에 의해 $dU \leq TdS$이므로,

$$dF \leq 0$$

이 된다. 이처럼 헬름홀츠의 자유 에너지는 감소하는 것만으로 극소치에 이른다. 이것은 제2법칙을 부피를 일정하게 한 등온변화에 대해서 쓴 것이라 보아도 좋다. 이 식에서 부피와 온도를 일정하게 유지하는 계에서는 헬름홀츠의 자유 에너지는 증가하는 일 없이 항상 감소할 뿐이며 열평형에서는 그 값이 극소에 이르고 있다는 것을 알 수 있다. 구체적으로 말한다면 F는 증가가 아니고 감소하여 열평형에서는 최소치에 이르지만 이것은 F 대신 $-F$를 생각하면 되므로 별로 문제가 없다.

실은 헬름홀츠의 자유 에너지를 단순히 자유 에너지라고 하기도 한다. 즉, 책에 따라 그렇게 말하는 것도 있다. 여기에서는 나중에 나오는 기브스(Josiah Willard Gibbs, 1839~1903)의 자유 에너지와 구별할 필요가 있으므로 헬름홀츠의 자유 에너지라 부르기로 한다.

자유 에너지와 포텐셜 에너지의 대응

용수철이 장착돼 있는 물체에 힘을 가하여 잡아당기면 용수철에 일이 가해짐과 동시에 그만큼의 포텐셜 에너지가 증가한다. 반대로 그것을 원래 상태로 되돌리면 용수철은 같은 양만큼의 일을 하고 포텐셜 에너지는 같은 양만큼 감소한다. 실린더에 기체를 넣고 그

것에 피스톤을 달아 압축하면 기체는 일을 하며, 또한 팽창시켜 원래 상태로 돌아가도 기체는 일을 한다. 이 압축과 팽창이 가역이라고 하자. 또한 이 과정은 등온적으로 이루어진다고 하자. 등온의 압축·팽창에서 열의 출입이 있다.

온도를 일정하게 한 변화에 한하지 않는 경우에 외부에 대해 한 일을 dW로 하고, 열역학 제1법칙에 의해 열 dQ 대신에 $dU+dW$를 적용하면 제2법칙 $TdS \geq dQ$에서 헬름홀츠 자유 에너지의 감소는 일반적으로

$$-dF \geq dW+SdT$$

가 된다는 것을 알 수 있다. 자유 에너지라고 부르는 것은 온도를 일정하게 하였을 때 그 감소가 일로서 해방되고, 가역과정이라면 계에 그것과 같은 양만큼의 일을 했을 때 그것이 되돌려져 자유 에너지가 증가하기 때문이다. 이것은 역학의 포텐셜 에너지와 전적으로 같은 것임을 알 수 있다. 이러한 대응은 오로지 온도를 일정하게 한 변화에 한정되어 있다.

또한 내부 에너지 U 중에서 자유 에너지 F의 나머지 부분 TS를 속박 에너지라고 할 때가 있다. 이 부분은 온도를 일정하게 하고 부피가 변하여도 일은 하지 못 한다.

자유 에너지라고 부르는 것은 이 헬름홀츠의 자유 에너지뿐만이 아니다. 다음에 설명하는 기브스의 자유 에너지도 있다. 그러나 이 경우에는 반드시 역학적 포텐셜 에너지와 직접적 대응은 없다.

기브스의 자유 에너지

실제로는 벽이 고정된 용기에 넣은 계를 관찰하기보다 온도와 압력을 일정하게 한 계를 다루는 경우가 보편적이다. 피스톤이 달린 실린더에 넣은 물질이 그 한 예이다. 이 경우에는

$$G=U-TS+pV=F+pV=H-TS$$

로 정의되는 기브스의 자유 에너지 G를 적용한다. 온도와 압력을 일정하게 한 계에서는 기브스의 자유 에너지 G의 변화는 온도와 부피를 일정하게 한 F의 변화와 동일하게

$$dG=dU-TdS+SdT$$

가 된다. 이 경우에는 부피의 변화가 있으므로 내부 에너지의 변화에는 열 이외에 일을 고려하여야 하므로 $dU=dQ-pdV$이다. 제2법칙에 의해 $TdS\geq dQ$이므로 F의 경우와 동일하게

$$dG\leq 0$$

을 얻을 수 있다. 즉 일정한 압력 p, 일정한 온도 T의 계에 대해서 G는 감소하고 열평형에서는 극소치에 이른다.

이것은 실제 문제에 널리 응용된다. 그 하나가 기체의 화학반응이다. 예를 들어 질소, 수소에서 암모니아가 생성되는 반응

$$N_2+3H_2=2NH_3$$

를 생각해 보자. 3종류의 기체가 혼합되어 있을 때 기브스의 자유 에너지 G를 계산한다. 이때 혼합 기체 G가 최소로 되는 암모니아의 농도가 그 압력, 온도일 때의 화학평형상태이다. 압력이 높을수록 이 혼합기체의 암모니아 농도는 높아진다. 이런 사실로 질소와

수소를 3:1의 몰수비로 혼합하여 고압으로 하면 기체 내에 다량의 암모니아가 생성되어 있는 것을 알 수 있다. 암모니아를 질소와 수소로 합성하는 방법은 하버(Fritz Jakob Haber, 1868~1934)가 이러한 원리를 기초로 하여 생각해 낸 것이다. 하버는 이것을 실용화하여 이 방법으로 다량의 암모니아를 만들어 그것으로 화약 원료인 질산을 제조하여 제1차대전 중 독일에 크게 공헌하였다. 20세기 전반은 이러한 열역학을 기초로 한 화학공업이 크게 발전하였다.

상전이와 기체, 액체의 평형

수증기를 용기에 넣고 압력을 일정하게 하여 냉각시켜 어느 온도까지 내리면 물방울이 생긴다. 그러나 이대로 냉각하여 온도를 낮추어 열을 제거하여도 물방울은 커지나 온도는 내려가지 않는다. 더욱 열을 제거하면 전부 물이 된 다음에 비로소 온도가 내려가기 시작한다. 이 열이 응축열이다. 압력을 일정하게 하여 물을 가열할 때에도 동일하며 반대의 과정을 거쳐, 이 경우에는 물이 수증기가 될 때에 응축열과 같은 만큼의 증발열을 낸다. 이 온도가 끓는점이다.

물이나 수증기가 각각의 모양으로 균일하게 있는 것을 '상(相)'이라 하며 기체의 상을 기상, 액체의 상을 액상이라 한다. 그 밖에 고체의 상을 고상이라 한다. 물이 고상으로 된 것이 얼음이다. 끓는점에는 기상과 액상의 두 상이 공존한다. 일반적으로 어떤 물질이 하나의 상에서 다른 상으로 변화하는 것을 상변화 또는 상전이(相轉移)라고 한다. 끓는점 같이 상전이가 일어나는 온도를 전이온도라고 한다. 상전이 시 온도의 변화 없이 수증기 같이 방출 혹은 흡수하는 열을 잠열(潛熱)이라고 한다. 상전이에는 기상, 액상, 고상 간의 상전이 이외에 고상과 고상의 여러 가지 상전이가 있다. 하나의 물질은 다양한 고상으로 존재한다. 탄소의 다른 상인 다이아몬드와 흑연은 잘 알려진 예의 하나이다.

이러한 상전이의 열역학을 물과 수증기의 예로서 알아보자. 피스톤이 달린 실린더 같은 압력이 일정한 용기에 물을 넣는다. 이때 1몰 액체의 물의 기브스의 자유 에너지를 g_l, 1몰 수증기의 기브스의 자유 에너지를 g_g로 한다. n몰의 물이 있다면 기브스의 자유 에너지는 ng_l 혹은 ng_g이다.

어떤 온도에서 열평형을 이룬 물은 g_g와 g_l의 작은 상태에 있는 것은 분명하다. 이 액체와 수증기의 기브스 자유 에너지의 큰 상태는 열평형으로 존재할 수 없으므로 어떤 의미에서는 가상적인 것이라 할 수 있으나, 실제로는 과포화 수증기처럼 기브스의 자유 에너지의 큰 상태도 어떤 시간은 존재하므로, 이런 상태의 기브스의 자유 에너지란 것도 현실로서의 의미를 갖는다. 물의 경우는 어떤 온도 T_b까지는 g_l 쪽이, 이것보다 높은 온도에서는 g_g 쪽이 작다. 따라서 물은 T_b까지는 액체, 그것을 초과하면 수증기가 되는 셈이다. 온도가 T_b일 때 액체와 수증기의 기브스의 자유 에너지 g_l과 g_g는 동일하며 기체 2상이 동시에 존재한다. 그 각각의 상대량은 이 조건만으로는 결정되지 않으므로 여기에 열을 가하거나 열을 제거하면 온도를 일정하게 한 채로 증감할 수 있다. 또한 이 끓는점 T_b의 값은 압력에 따라 달라진다. 이러한 것은 물 이외의 다른 물질에서도

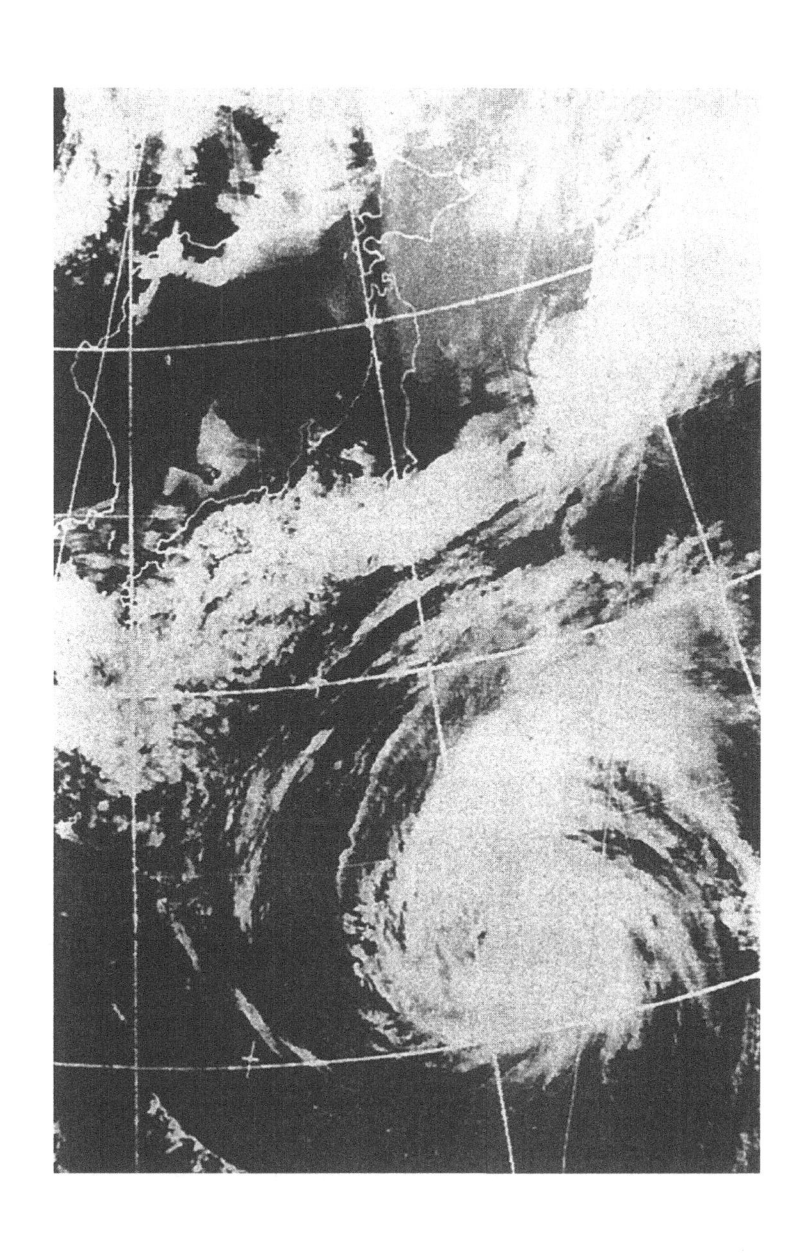

태풍의 거대한 에너지 공급원은 수증기가 갖는 잠열

마찬가지이다.

다음은 증발열을 생각해 보자. 액체의 물과 수증기의 내부 에너지의 차이만큼의 에너지와 액체의 부피를 수증기의 부피로 팽창시키는 데 필요한 일에 해당하는 에너지의 합, 즉 엔탈피를 주면 액체는 수증기가 된다. 한편 액체와 증기가 평형일 때에는 기브스의 자유 에너지 $H-TS$가 동등하게 되어 있다. 이 두 가지를 비교하면 액체에서는 엔탈피 부분이 낮고 증기에서는 $-TS$의 부분이 낮다. 이러한 현상, 액체와 증기의 평형은 바로 엔탈피와 엔트로피의 균형이 잡힐 때 생긴다. 일반적으로 pV는 내부 에너지에 비해 작으므로 액체가 되든가, 증기가 되는가는 에너지와 엔트로피의 어느 쪽이 지배적인가에 따라 다르다. 기상이 관계하지 않는 상전이에서는 고압의 상태를 고려하지 않는 한 pV는 무시하여도 무방하다.

기브스의 관계식과 열린 계

여기서 기브스의 자유 에너지를 몰수로 나눈 G/n을 화학 포텐셜이라 하고 μ로 쓰기로 한다. 실은 이것은 1성분인 계의 경우이고 다성분의 경우에는 각 성분의 화학 포텐셜이 정의되어야 하나 설명이 복잡해지므로, 어느 정도 자명하다고도 볼 수 있는 1성분의 경우를 다루고, 그것으로 다성분의 경우를 유추하기로 한다. 또한 여기에서는 화학 포텐셜을 1몰당으로 정의하였으나 1분자당으로 정의하기도 한다.

지금까지는 계 안에 있는 물질의 양은 변하지 않는다고 생각해 왔다. 이것은 계가 물질을 통과시키지 않는 벽으로 싸여 있다고 생각하였기 때문인데, 여기에서는 계가 에너지뿐만 아니라 물질까지도 자유롭게 통과시키는 경면으로 싸여 있는 경우를 다루기로 한다. 이러한 계를 열린 계라고 부른다. 물질 중에 가상적인 닫힌 면을 생각하고 이 면 내에 있는 물질만을 생각하면, 이것도 열린 계의 한 예가 된다. 이것에 반해 지금까지의 계를 닫힌 계라고 한다.

열역학의 제1법칙은 가역변화만을 생각하면 $dU=TdS-pdV$이므로 열린 계에서는 dn몰만큼 물질의 양이 변했을 때의 기브스의 자유 에너지 변화는

$$dG=-SdT+Vdp+\mu dn$$

이 된다. 마지막 항목은 물질의 양변화에 의한 것이다. 이 식을 사용하여 몰수의 변화에 의한 내부 에너지의 변화 dU를 고쳐쓰면

$$TdS=dU+pdV-\mu dn$$

이 된다. 이 식을 기브스의 관계식이라고 한다. 이 식은 몰 수의 변화에 의한 엔트로피의 변화를 부여하는 것으로 프리고진(Ilya Prigogine, 1917~2003)이 비가역현상의 열역학 기초로 사용한 것이다. 물론 그것은 다성분계에서 일반화된 형태로 쓰이고 있다.

기체의 진공으로의 팽창

여기에서 비가역현상의 보기로 기체의 진공으로서 팽창 문제를 생각하고 엔트로피의 변화를 계산해 보자. 확산도 대표적인 비가역현상이지만 이것은 분자 운동으로 생각하는 것이 이해하기 쉬우므로

다음 장에서 다루기로 하자.

기체의 진공으로서 팽창은 다음과 같은 장치를 생각한다. 부피가 같은 두 개의 용기를 마개가 달린 관으로 연결한다. 마개를 막고 한쪽 용기에 기체를 넣고 다른 쪽은 진공으로 해둔다. 기체의 온도, 압력, 몰수를 각각 T, p, n으로 한다. 마개를 열면 기체를 다른 쪽 용기를 향해 분출하고 열평형이 되므로 충만된다. 이 기체는 이상기체로 간주하고 이 팽창 과정은 외부와 열의 주고받기가 없는 단열과정이라고 하자.

이 기체가 최초 상태일 때와 부피가 2배로 된 마지막 상태의 엔트로피 차이를 생각해 보자. 열역학에서는 어떤 상태의 엔트로피도 각각 결정되어 있다. 앞에서 말했듯이 이러한 두 상태의 엔트로피 차이는 두 상태를 연결하는 가역과정에서 계산한 엔트로피의 변화가 된다. 이 과정은 어떠한 가역과정이라도 무방하나(결과는 같다) 그중에 등온가역변화가 있는 경우도 고려할 수 있다. 부피가 V에서 $2V$로 되고 압력이 p에서 $p/2$로 감소한다. 이것은 n몰의 이상기체 압력 p는 nRT/V이므로 기체가 외부에 하는 일을 계산하려면 이 압력을 부피가 2배로 될 때까지 적분하면 된다. 그러면 이 일은 $nRln2$가 된다. 이상기체이므로 이 팽창 사이에 기체의 온도 T를 일정하게 유지하려면 이 일과 같은 양의 열을 외부에서 가해야만 한다. 따라서 이 가역적 팽창의 결과 이것을 T로 나눈 $nRln2$만큼 엔트로피가 증가하였다는 것을 알 수 있다. 팽창한 상태의 엔트로피 값은 앞에서 설명했듯이 경로에 의하지 않으므로 진공에서의 팽창에서도 엔트로피는 같은 만큼 증가한다. 이 진공 팽창은 단열변화임에도 불구하고 엔트로피가 증가하는 비가역과정이다. 이처럼 엔트로피의 증가는 결과적으로는 계산되었으나 매우 미적지근한 것이다. 그것은 엔트로피의 변화를 계산하는 데 그 두 상태를 연결하는 가역과정을 고려하고 있으나 이 과정은 진공 팽창의 비가역과정 그 자체와는 관계가 없다. 오로지 엔트로피의 계산을 위해 도입된 가역과정의 하나이다. 비가역과정의 엔트로피는 언제나 이러한 간접적인 방법을 취해야만 하는데, 이러한 사실이 엔트로피의 이해를 어렵게 하고 있다.

일반적인 경우도 마찬가지로 부피 V의 기체가 진공 중에 팽창하여 부피 V'로 되었을 때의 엔트로피의 증가는 $nRln(V'/V)$이다.

엔트로피는 늘릴 수도 줄일 수도 있다

엔트로피라는 양이 에너지 등 다른 물리량과 다른 성질을 갖고 있다는 것은 이 장에서 설명하였다. 그것은 열을 통과시키지 않는 벽으로 싸여 있는 물체 속에서는 엔트로피는 감소하지 않는다는 것이었다. 또한 변화가 비가역이면 엔트로피는 반드시 증가한다. 물체라고 하였지만 더 정확하게는 계라고 하는 것이 옳다. 또한 앞에서 말하였지만 열역학에서 일반적으로 계의 엔트로피의 변화(증가 또는 감소)는 유입 또는 유출한 열을 온도로 나눈 것과 같거나 이것보다 크다고 한다. 이 열이 유입할 때는 플러스, 유출할 때는 마이너스로 하므로 플러스도 마이너스도 될 수 있는 것이다.

흔히 엔트로피는 증가한다는 게 속설로 여겨지면서 엔트로피는 증가한다는 것이 우주의 대원칙인 것처럼 알고 있다. 또한 막연하게 말하는 엔트로피가 증가한다는 표현이 애매하기 때문에 엔트로피에 대한 틀린 논의를 하고 있는 경우를 볼 때가 있다. 이런 일로 인해 엔트로피의 변화에 대해서는 여러 가지 오해나 혼란이 생기고 있다. 그러나 여기서 중요한 것은 엔트로피의 증가라는 것은 어디까지나 열의 출입을 단절했을 경우의 이야기이다. 계의 엔트로피는 일반적으로 늘어날 수도, 줄어들 수도 있다는 것은 앞에서 설명한 바와 같다.

그러나 열역학에서는 보통 비가역과정에서 엔트로피와 계에 출입한 열과의 관계는 부등식으로 나타내고 있을 뿐, 그 이상의 것을 설명하지 않는다. 이 비가역과정에서 일어나는 엔트로피의 변화를 좀 더 상세하게 해석해 보기로 하자.

엔트로피 생성

비가역과정의 엔트로피 변화에 대해서 클라우지우스는 계에 출입하는 열을 보상하는 열과 보상하지 않는 열로 구분하였다. 가령, 계에 열을 부여하는데 카르노 기관을 운전하여 그 저온 열원에 부여하는 열을 생각해 보자. 이 기관을 반대 방향으로 운전하여 저온 열원에서 같은 양의 열을 취하면 고온 열원이나 저온 열원도 원래의 상태로 되돌아간다. 이 열기관이 부여하는 열은 보상하는 열의 한 예이다. 보상되지 않은 열이란 마찰에 의해 발생하는 열 같이 반대 방향으로는 진행하지 않은 것으로 마이너스가 되는 일은 없다.

클라우지우스는 부등식 $dS \geq dQ/T$의 형식으로 쓰인 엔트로피의 변화를 보상하지 않는 열 dQ'을 도입하여

$$dS=(dQ/T)+(dQ'/T)$$

라는 등식의 형태로 적었다. 여기서 중요한 것은 dQ'은 절대로 마이너스가 되지 않는다는 것이다. 이 식을 카르노-클라우지우스의 정리라고 한다. 이것은 단순히 부등식을 등식의 형태로 고쳐 쓴 것만은 아니다. 계의 엔트로피 변화 중, dQ/T는 외계에서 출입한 열에 의한 엔트로피의 변화이며 이 변화는 플러스로도 마이너스로도 된다. dQ'/T는 플러스 이거나 0이다. 따라서 엔트로피의 변화 그 자체는 플러스·마이너스의 어느 쪽이나 되는 것이다.

이것은 열역학의 제2법칙을 고쳐 쓴 것으로 되어 있으나 원래는 제2법칙과는 다르며 공간의 모든 부분에서 이 관계는 성립된다는 것을 설명하고 있다. 재래의 열역학에서는 비가역과정이 생기면 엔트로피는 흘러든 열을 그 물체의 온도로 나눈 것보다 크다고 할 뿐이었다. 이것은 1947년에 프리고진이 비가역현상의 열역학을 창출하는 출발점으로 삼은 것이다.

이 제2항의 dQ'/T는 현재는 엔트로피 생성이라 부르는 것으로 엔트로피가 생성되는 속도를 엔트로피 생성 속도라 하며 σ로 나타낸다. 또한 엔트로피 생성 속도를 단순히 엔트로피 생성이라고 부르기도 한다. 여기서도 그에 따르기로 한다. 이 엔트로피 생성이란 양은 비가역과정의 열역학에서는 중심 역할을 하는 것이다.

정상 전류와 옴의 법칙

일반적인 비가역현상 중에서 시간이 경과하여도 일정하며 변화하지 않는 것을 '정상 상태'라고 부른다. 정상 상태는 평형 상태가 아니다. 평형 상태에서는 계에 있는 물질이나 에너지는 모두 정지하고 있으나 정상 상태에서는 물질이나 에너지가 움직이고 있다. 가장 간단한 예가 변화하지 않고 관 속을 흐르는 물이다.

여기에서는 이러한 정상 상태에 있는 것의 한 예로서 도체 속을 흐르고 있는 정상 전류를 생각해 보기로 한다. 양 끝의 전위차를 일정하게 유지하여도 전류는 바로 정상 상태가 된다. 도체에 흐르는 전류의 강도 I는 단위 시간에 그 도체의 한 단면을 통과하는 전하의 양으로 정의한다. 정상 전류라면 어느 단면에서나 통과한 전하의 양은 같다. 보통 이러한 정상 전류에 대해서는 옴Georg Ohm, 1787~1854의 법칙이 성립된다. 양단의 전압, 즉 전위차를 V, 전기저항을 R이라 한다면 I는

V/R이다. 전하 q가 전위차 V의 위치를 통과하면

qV의 일을 하게 되므로, 전류 I가 흐르고 있으면 단위 시간에 IV의 일을 하게 되나 정상 전류이므로 이 일은 열이 된다. 이 열을 줄열이라고 부른다는 것은 앞에서 설명하였다. 이 열은 역과정에서 원래 상태로 되돌아가지 않으므로 엔트로피를 비가역적으로 생성한다. 또한 이 열을 T로 나누면 엔트로피 생성이 되고 전압 대신에 전기 저항으로 나타내면 줄열에 의한 엔트로피 생성은 I^2R/T가된다. T는 도체의 온도이다.

줄열은 도체의 각 부분에서 발생하는 것으로 여겨지므로 엔트로피의 생성도 도체의 각 부분에서 이루어진다고 여겨진다. 그렇다면 단위 부피당 엔트로피 생성은 전류밀도 i, 도체의 부피저항률을 ρ로 하면 $\rho i^2/T$가 된다. 부피저항률은 도체를 만든 물질의 단위 단면적, 단위 길이의 전기 저항이다. 전류밀도도, 저항률도 각각의 부분별로 결정되는 극소적인 양이며 이러한 극소적(로컬)인 표현은 도체 전체로서의 상태와 관계없이 각 부분의 엔트로피 생성이 이루어지는 것이 특징이다. 계가 불균일한 경우에도 엔트로피는 각 부분에서 생겨나는 것이다.

전기전도 이외의 비가역현상에서도 엔트로피 생성 또는 극소적 생성을 정의할 수 있으나 전기전도의 경우보다 복잡해진다.

5

분자 운동과 열

기체는 다수의 분자로 이루어져 있어 기체가 보유하는 에너지, 열과 압력은 이들 분자가 갖는 에너지에 귀착된다. 이것은 어떻게 보면 간단한 일 같지만 기체분자의 배치 확률과 관계있어 매우 이해하기 어려운 것이다. 열은 에너지의 형태 중에서 특별한 것이어서 엔트로피와 직접적인 관계를 갖는다는 것은 앞에서 설명하였으나 이러한 관계가 분자의 모여진 성질과 어떤 관계가 있는지를 이 장에서 제시하겠다.

운동하는 기체분자

물질은 무수히 많은 분자로 이루어져 있다. 그 수는 1몰의 물질에 대해 6.022×10^{23}이다. 이 수를 '아보가드로 수(Avogadro's number)'라고 하며 분자의 종류에 관계없이 같다. 이러한 사실은 같은 온도, 같은 압력에서 같은 부피이며 기체의 종류에 관계없이 같은 수의 분자가 들어 있다는 것을 뜻한다. 분자의 크기는 구球에 가까운 것으로는 지름 10분의 1mm(nano-meter, 1기압 1mm는 10억 분의 1m) 정도이다. 0℃, 1기압의 기체에서 분자 간의 평균 거리는 그 10배 정도이다. 이 분자들은 운동하고 있으며 그 운동 에너지가 열이란 것은 앞에서 설명하였다. 이처럼 분자가 충분히 떨어져 있을 때에는 기체의 내부 에너지는 거의 분자의 열운동의 운동 에너지이다.

분자의 종류는 대단히 많아 화합물의 종류와 같을 정도인데, 그 종류에 따라 고유의 모양이나 구조를 갖고 있다. 헬륨, 네온, 아르곤 등의 희귀 가스의 경우에 각 분자는 1개의 원자로 이루어져 있어 가장 간단한 구조이며 이런 것들을 단원자분자라고 부르고 있다. 이때의 기체 내부 에너지의 거의 전부가 분자의 중심 운동 에너지이다. 그러나 산소, 질소 등의 2원자분자에서는 중심 운동만이 아니라 회전 운동 에너지도 더해진다.

이러한 분자에서는 두 분자가 일정 거리보다 가까워지면 강한 척력이 서로 작용하여 어느 정도 이상은 가까워질 수 없다. 이 거리는 그 분자의 지름으로 여겨진다. 따라서 분자는 근사적으로 고유한 지름을 갖는 단단한 구라고 여겨진다. 이 분자의 단단한 공 같은 것을 분자의 강체구모형이라 한다. 구의 지름은 분자의 지름으로 간주되며 10분의 1mm 정도이다. 2원자분자에서도 급속하게 회전하고 있으면 강체구로 간주된다.

분자 사이에는 척력 외에 인력이 작용하고 있다. 그러나 여기에서 인력은 매우 약한 것으로 보고 무시하기로 한다. 물론 온도가 충분히 낮고, 기체가 액체로 될 정도가 되면 이 인력은 큰 역할을 하게 된다. 이러한 온도는 기체의 종류에 따라 다르다.

경우에 따라서는 이 모형을 더욱 단순화하여 분자의 크기를 고려하지 않는다. 이때는 분자 자체를 점으로 간주하나 분자 사이의 충돌에 대해서는 고려한다. 대부분의 경우 이러한 단순화는 매우 유용하다.

벽에 충돌하는 분자와 기체의 압력

물질이 원자로 이루어져 있다는 원자론은 기원전 400년경에 고대 그리스에서 시작되었다. 레우키포스(Leukippos, ?~? B.C.)가 제창하고 그 제자 데모크리토스(Democritos, 460?~370? B.C.)에 계승되어 발전되었다. 그러나 그 후, 원자론은 부정되고 적대시까지 되어 사라졌다.

1623년에 프랑스의 철학자 가상디(Pierre Gassendi, 1592~1655)가 고대 원자론을 부활시키고 보일, 뉴턴(Issac Newton, 1642~1727) 등이 이것을 승계하였다.

원자라는 미립자가 운동하고 있고 열은 이 미립자의 운동이라는 사고를 러시아인 로모노소프(Mikhail Vasilievich Lomonósov, 1711~1765)가 1747년 논문에서 피력했다. 또한 1750년경 수학자 다니엘 베르누이(Daniel Bernoulli, 1700~1782)는 기체분자의 운동으로 기체의 압력을 논하였다. 베르누이는 분자는 모두 같은 속도를 갖고 있다고 하였으나 1857년과 1858년에 클라우지우스는 분자의 속도는 모두 다르다고 여겨 평균속도라는 개념을 발표하였다.

그러면 용기 속에 밀폐되어 있는 다수의 분자를 생각해 보자. 분자는 매우 작으므로 그 크기는 고려하지 않기로 하자. 또한 분자의 속도는 모두 다르다고 생각한다. 설명을 간단히 하기 위해 용기는 한 변의 길이가 L인 정육면체로 한다. 우선 이때, 1개의 분자가 용기 속에 있다고 하자. 분자는 질량 m이고 속도 v로 한쪽 벽을 향해 수직으로 돌진한다고 하자. 이 분자가 벽에 충돌하면 속도는 v로 변하고, 반대쪽 벽에 충돌하므로 속도는 v가 되며 이것을 반복한다. 이 분자는 이처럼 2개의 마주보는 벽 사이를 왕복한다. 방향은 벽과 충돌할 때마다 반대로 되지만 속도의 크기는 언제까지나 변하지 않는다. 이 분자는 벽에 부딪히면 운동량이 mv에서 $-mv$로 바뀌고, $-2mv$의 운동량이 생기는 셈이 된다. 분자가 단위시간에 이 벽에 충돌하는 횟수는 $v/2L$이므로 이 분자가 단위시간에 벽에서 주어지는 운동량은 $-mv^2/L$이다. 이것은 벽이 분자에 작용하는 힘이며 작용·반작용의 관계에 의해 벽은 분자에서 mv^2/L의 힘을 받는다.

용기 속에 다수의 분자가 들어 있으므로 벽이 받는 힘은 다수의 분자가 미치는 힘을 합하면 된다. 실제로는 이들 분자에는 빠른 것이나 느린 것도 있고 또한 전후, 상하, 좌우로 움직이는 것도 있으나 간단하게 이들은 모두 같은 속도 v로 움직이는 것으로 하자. 또한 벽에 수직으로 움직이는 분자는 전체의 3분의 1, 나머지 3분의 2는 그것에 수직으로 두 방향으로 움직이고 있다고 가정하자. 분자의 총수를 N이라 하면 $N/3$개의 분자가 벽에 부딪히는 셈이 되는데, 벽의 넓이가 L^2이고, 이들 분자에서 벽이 받는 힘은 $Nmv/3L$이므로 벽이 받는 압력 p는

$$pV=Nmv^2/3$$

이 된다. V는 L^3이며 부피이다.

이 식은

$$pv=(2/3)U\ ;\ U=Nmv^2/2$$

라는 형식으로 고쳐 쓸 수 있다. 이것을 베르누이의 공식이라 할 때가 있다. 또한 이 식은 보일의 법칙과 같은 형식으로 되어 있다. U는 이 기체분자의 전체 에너지이며 그 내부 에너지에 불과하다. 또한 이 식은 3장에서 제시한 내부 에너지를 사용하여 나타낸 이상기체의 상태방정식이다.

기체의 내부 에너지와 분자의 평균 에너지

기체	$\sqrt{\langle v^2 \rangle}$ (m/s)
H_2	1927
H_2O	644
N_2	517
O_2	484
CO_2	412

기체분자의 평균속도(300K)

기체의 분자를 크기가 없는 입자로 보면 압력, 부피와 내부 에너지의 관계가 유도된다는 사실을 앞에서 제시하였다. 이상기체의 법칙 $pV=RT$를 적용하면 1몰 기체의 내부 에너지를 U, 분자 1개당의 에너지를 ε로 하면 1몰의 기체에 대해서는

$$U=(3/2)RT\ ;\ \varepsilon=(3/2)kT$$

가 된다. k는 볼츠만 상수로서 기체 상수 R을 아보가드로수 N_A로 나눈 것으로 그 값은 1.380662×10^{-23}J/K이다.

분자의 속도가 동일하지 않고 여러 가지 속도의 분자가 혼합되어 있는 경우에도 여기서는 속도의 제곱 v^2의 평균치 $<v^2>$을 v^2대신 적용하면 된다. 내부 에너지 U는 $(1/2)Nm<v^2>$이 된다. 1개당 에너지 ε으로 나타내면

$$<v^2\geq 2\varepsilon/m=3kT/m$$

이 된다. 이 식에서 $<v^2>$의 제곱근으로서의 기체분자의 평균속도의 예를 계산하면 표에서 보는 바와 같다. 이 평균속도는 클라우지우스가 평균제곱속도라고 부른 것이다.

에너지 등분배의 법칙

분자는 크기가 없다고 간주되어 자유롭게 날고 있는 것 같은 기체에서는 이상기체의 상태방정식에 따라 그 내부 에너지는 1몰에 대해 $(3/2)RT$가 되며 온도에 비례한다. 이러한 사실은 아르곤 등의 단원자기체에 실제로 해당된다. 그러나 산소 등 2원자기체의 내부 에너지는 단원자기체의 경우보다 R만이 크므로 $(5/2)RT$이다. 이것을 실제로 1분자당 에너지로 보면 단원자분자에서는 $(3/2)kT$, 2원자분자에서는 $(5/2)kT$가 되는 셈이다.

단원자분자는 그 중심이 x, y, z의 3방향으로 자유롭게 운동하고 있다. 이를 단원자분자는 3개의 자유도를 갖고 있다고 한다. 따라서 하나의 자유도당 평균 $kT/2$의 운동 에너지가 배분된다면 1분자당의 에너지는 $(3/2)RT$가 된다.

2원자분자의 경우에는 중심 운동 이외에 축의 방향을 결정하는 2개의 자유도를 갖는 회전이 있기 때문에 전부 5개의 자유도가 있다. 따라서 1분자당 에너지는 $(5/2)kT$가 되며 실측되는 것과도 일치한다.

이처럼 하나의 자유도당 평균하여 $kT/2$의 운동 에너지가 배분된다는 것을 에너지 등분배의 법칙이라 한다. 이 법칙은 통계역학으로 증명할 수 있으나 적분을 포함한 약간 긴 계산이 필요하므로 여기에서는 결과만 설명하는 것으로 끝낸다. 또한 결과만이기는 하지만 하나 첨가할 것은 에너지 등분배는 운동 에너지에만 한정되지 않는다는 것이다. 고체결정 속의 분자(단원자분자)는 결정격자의 격자점 둘레를 진동하고 있으나 이 경우는 운동 에너지 이외에 포텐셜 에너지를 갖고 있다. 운동은 3차원이며 3개의 자유도에 대해 포텐셜 에너지에는 $(3/2)kT$의 에너지가 배분된다. 그러므로 결정 내의 분자 1개는 운동 에너지와 합하여 평균 $3kT$의 에너지를 갖고 있다. 따라서 이러한 고체의 비열은 $3R$이 된다. 이러한 사실은 19세기부터 뒬롱-프티의 법칙Dulong-Petit law으로 알려져 있다. 그러나 이러한 에너지 등분배가 성립되는 것은 원자가 중심의 격자점에서 받는 힘의 포텐셜 에너지가 중심으로부터의 거리에 비례할 때만으로 한정되어 있다.

또한 원자의 운동은 뉴턴역학이 아닌 양자역학에 따르기 때문에 온도가 낮아지면 그 결과가 현저해지므로 뒬롱-프티의 법칙은 성립되지 않는다.

확률적인 사고

앞 절에서 설명했듯이 클라우지우스는 기체분자의 속도는 다를 수 있다고 생각하였다. 그러므로 그는 평균제곱속도, 혹은 평균 에너지라는 개념을 생각해 내었다. 또한 기체 중의 분자는 음속보다도 빠르게 운동하고 있으나 대단히 많은 충돌을 하면서 진행하므로 한 방향으로 이동하는 속도는 현저하게 느려진다는 견해를 갖고, 분자가 하나의 충돌에서 다음 충돌까지 이동하는 거리, 평균자유행로가 기체분자 운동론에서 중요한 역할을 한다고 여겼다.

그러나 클라우지우스의 사고는 그 이상 진행할 수 없다. 그때까지는 물리학은 입자의 위치나 속도와 같은 양이 뚜렷한 값을 갖고 있는 양으로서 다루어져 시간이 경과하여도 정확하게 결정되었다.

맥스웰(James Clerk Maxwell, 1831~1879)의 사고는 이러한 변수의 값은 정확하게 정해져 있지 않고, 오직 그 확률만이 정해진다는 것이다. 물리학에서 어떠한 속도가 가장 확률이 크다든가 하는 표현은 그때까지는 쓰이는 일이 없었다. 물리학의 양은 완전하게 정확히 정해진 것으로서 다루어졌다.

맥스웰은 기체분자의 상호충돌의 결과는 그 온도 하에서 가장 가능성이 있는 속도의 주위에 집중하는 것 같은, 어떤 정상적인 분포에 도달한다고 생각하였다.

맥스웰의 속도 분포

맥스웰은 1860년에 속도분포에 관해서 발표하였다. 이것에 의하면 열평형에 있는 기체는 분자가 서로 충돌을 반복하여 어떤 정상분포를 이룬다고 여겼다. 또한 그가 이 분포를 유도한 결과에 의하면 분자속도의 한 방향의 속도성분이 v일 확률은 $A\exp(-mv^2/2kT)$이다. 이것을 맥스웰의 분포법칙이라 한다. A는 상수이고 그 값은 확률이

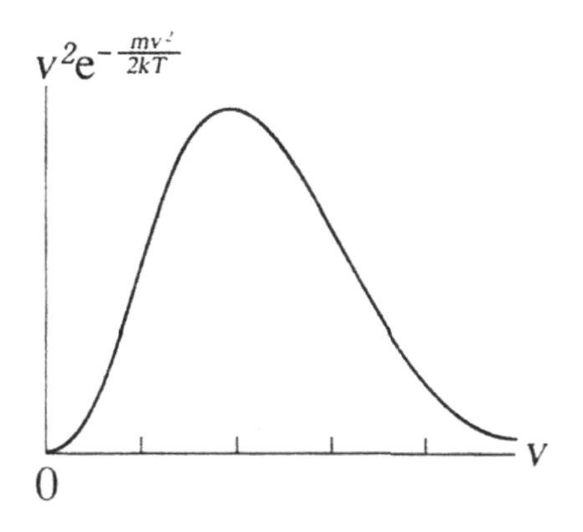

[그림 8] 맥스웰의 분포법칙

란 조건에서 정해진다. 그러나 속도성분의 확률보다는 속도의 크기 v의 확률을 적용하는 것이 편리하다. 이 속도의 크기가 v일 확률은 $Bv^2\exp(-mv^2kT)$가 된다. B도 상수이다. v^2의 인자는 속도의 크기가 v일 확률이 v^2에 비례하기 때문이다. 맥스웰의 분포법칙은 보통 이 형태로 사용된다. [그림 8]은 이 함수를 나타내는 것이다. exp는 e의 지수를 나타낸다. e는 자연로그의 밑底이다.

브라운 운동이란

분자의 운동을 직접 눈으로 보는 것으로 불가능하다. 그러나 분자가 운동하고 있다는 간접적인 증거는 여러 가지가 알려져 있다. 그 중 하나가 브라운 운동이다. 현미경의 녹토비전(암시 장치)에 담배 연기를 넣고 들여다보면 작은 점이 반짝이는 것이 보인다. 이렇게 하면 현미경의 분해능을 초과하여 훨씬 작은 입자까지도 볼 수 있다. 물론 입자들의 형태 등은 알 수 없다. 이 입자들을 계속 관찰하면 어떤 것이 전후좌우로 움직이고 있다는 것을 알게 된다. 이것을 브라운 운동이라고 한다. 또한 브라운 운동을 하고 있는 입자를 브라운 입자라고 부르기로 하자.

정지한 공기 중에서 브라운 운동을 하는 입자가 움직이는 것은 공기 분자가 입자에 충돌하기 때문이다. 입자가 크면 1개의 분자 충돌에 의한 운동량의 변화는 매우 작은 데다 많은 분자의 여기저기에서 충돌의 영향이 상쇄되어 공기 분자의 충동에 의한 입자 운동은 볼 수 없다. 입자가 작아지면 이 분자충돌의 균형은 점차 상실되어 입자가 불규칙적으로 표류하므로 브라운 운동을 볼 수 있게 된다. 이러한 브라운 운동을 처음으로 바르게 다룬 것은 아인슈타인(Albert Einstein, 1879~1955)이었다. 그것은 1905년의 일이었는데 아인슈타인은 이 해에 특수상대성원리, 광양자 이론 등, 물리학의 근간을 흔들 만한 연구를 발표하였다. 또한 아인슈타인의 브라운 운동 연구는 그 후 확률과정론이라는 수학의 한 분야에 발표되었다.

브라운 운동은 기체에 한하지 않고 액체에 떠다니는 미립자에서도 관찰된다. 잘 알려져 있는 것은 물속에 넣은 꽃가루에서 볼 수 있다. 이것은 영국의 식물학자 브라운(Robert Brown, 1773~1858)이 1827년에 발견한 것이나, 브라운은 물속에서 꽃가루 자체가 운동하고 있는 것을 발견한 것은 아니다. 그가 현미경으로 본 것은 물속에 넣은 꽃가루가 물을 흡수하여 파열되어 방출된 미립자의 운동이다. 브라운의 논문에는 그것이 미립자의 운동이란 것이 분명하게 쓰여 있다. 후에 누군가가 잘못 알고 꽃가루 자체가 운동하는 것처럼 쓴 것이 우리나라에서도 그대로 널리 유포되어 있다.

이처럼 브라운 운동은 미크로 세계의 흔들림이 나타난 것이다. 브라운 입자의 운동도 온도가 높아지면 격렬해진다. 페랑(Jean Baptiste Perrin, 1870~1942)은 어떤 종류의 수지를 물에 녹인 콜로이드 용액으로 입자의 밀도는 아래에서 위로 향할수록 감소한다는 것을 알았다. 이 경우는 분자와 달리, 입자의 질량이 크기 때문에 실험실의 수조 속에서도 볼츠만 인자가 효력을 발휘하므로 위쪽이 아래쪽보다 밀도가 작아진다.

브라운 운동은 잘못 생각되었다

브라운 운동에 대해 설명할 때는 [그림 9] 같이 많은 점을 이은 지그재그로 나타낸 그림을 그린다. 브라운 입자의 경로는 실제로 이 그림처럼은 그릴 수 없다. 단위 시간에 1개의 분자에 충돌하는 분자 수는 대단히 많다. 따라서 분자보다 훨씬 큰 입자는 상상할 수 없을 정도의 횟수로 분자와 충돌한다. 실제로 이 그림의 뜻은 브라운 입자의 일정시간마다의 위치를 이은 직선을 연결한 꺾은선일 뿐이다. 이 직선에 현실적인 의미를 부여하며 이것을 따라 입자가 움직인다고 생각하는 사람도 있을지 모르겠다. 필자는 수십 년 전, 어떤 저작을 위해 출판사

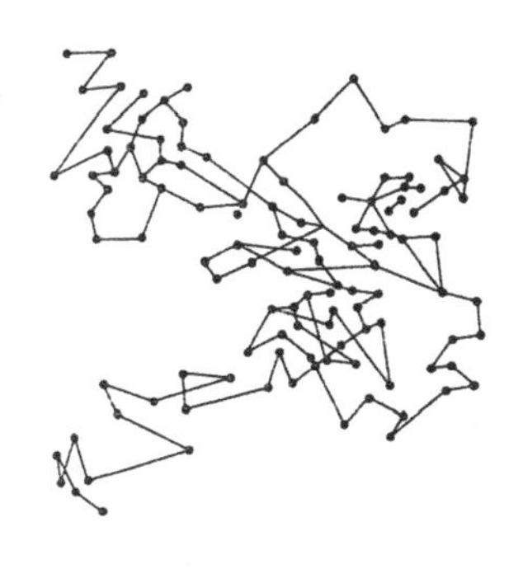

[그림 9] 브라운 운동

의 협력을 얻어 담배 연기 속의 브라운 입자의 경로를 사진으로 찍으려고 시도해 본 적이 있다. 그러나 연속해서 입자의 상을 잡으려고 빛을 대면 그 빛의 열로 공기 대류가 생겨 브라운 운동은 도저히 알 수 없었다. 결국 스트로보strobo로 단속(斷續)적으로 조사(照射)하여 브라운 입자의 사진을 찍을 수밖에 없었다. 그러나 이것은 일정한 시간마다 위치를 측정하는 결과가 되어 그림의 꺾은선과 같은 것이 된다.

브라운 입자에 대해서도 에너지 등분배의 법칙은 당연히 성립된다. 따라서 브라운 입자의 중심 운동 에너지의 평균은 $(3/2)kT$이다. 이것과 입자의 질량으로 브라운 운동의 평균속도를 알 수 있다. 이것이 꽃가루이면 질량이 크기 때문에 그 평균속도는 매우 작아져, 꽃가루로는 도저히 브라운 운동을 고려할 수 없다. 이처럼 물체가 커지면 브라운 운동의 영향은 나타나지 않는다. 필자도 과거 저서 중에 브라운이 현미경으로 물 속에서 꽃가루가 움직이는 것을 보았다고 써서 사람들로부터 주의를 받은 일이 있다. 그것을 쓰기 전에 좀 마음에 걸리기는 하였지만 원 문헌의 확인을 소홀히 한 것을 마음속으로 뉘우쳐, 그대로 무비판적으로 자기 저서에다 쓰는 일이 얼마나 두려운 것인가를 깨달았다.

분자론과 비가역현상

기체를 분자가 모인 것이라고 보면 상태방정식이나 내부 에너지는 잘 이해할 수 있다. 그러나 기체의 열적 성질이란 점에서 말한다면 이것으로는 불충분하다. 에너지와 병행하여 열적 성질을 지배하는 또 하나의 양인 엔트로피의 분자론적 의미를 밝히는 것이 필요하다.

기체에서 볼 수 있는 비가역현상의 간단한 보기로 4장에서 설명한 진공팽창이 있다. 이 경우에 2개의 용기를 마개가 달린 관으로 잇고, 한쪽에 기체를 넣고 다른 쪽을 진공으로 하고 그 마개를 열어 단열적으로 기체를 진공 쪽으로 팽창시킨다. 기체는 양쪽 용기에 충만하고 같은 압력이 되어 평형을 이룬다. 이 과정은 비가역이며 단열적임에도 불구하고 엔트로피가 증가한다는 것은 앞에서 이미 설명하였다.

이 현상은 방치해 두어도 원래 상태로 되돌아가지 않는다는 의미에서도 비가역이다. 양쪽 용기를 채운 기체의 한쪽이 원래 상태로 되돌아가, 그것이 자연히 진공이 되어 처음의 상태로 되는 일은 일어나지 않는다. 분자론적 입장에서 보면 각 분자는 역학의 법칙에 따라 운동하고 있다. 뉴턴역학에서는 시간을 플러스에서 마이너스로 바꾸면 각 분자는 정확하게 반대 방향의 운동을 한다. 입자의 모임이라고 여겨지는 기체에서는 왜 이런 가역변화가 일어나지 않을까? 이것이 하나의 문제이기는 하지만 이에 대해서는 후에 다시 한번 다루기로 하고 여기에서는 확률론적으로 다루기로 하자.

열역학적 확률과 엔트로피

여기, 2개의 용기를 관으로 연결한 것에 1개의 분자가 있다고 하자.

이 분자가 왼쪽 용기에 있을 확률은 1/2이다. 따라서 N개의 분자가 동시에 왼쪽 용기에 있고, 오른쪽 용기에는 1개도 들어 있지 않을 확률은 $(1/2)N$이다. N은 매우 크며 보통 10^{23}정도이므로 이 확률은 매우 작다. 따라서 처음 마개를 막고 오른쪽을 진공으로 하고 마개를 열면 기체는 오른쪽 용기로 분출하여 양쪽 용기를 동일하게 채우고, 이것이 자연히 왼쪽 용기에 모인다는 것은 기대할 수 없다.

4장에서 설명했듯이 오른쪽의 진공 용기로 팽창하면 기체의 엔트로피는 $Nkln2$만큼 증가한다. 이러한 사실로서 엔트로피가 확률에 관계되는 것으로 여겨진다. 여기서 직접 상태의 확률을 생각하면 이해하기 어려우므로 하나의 거시적 상태에 대응하는 미시적 상태의 수 W를 고려하게 된다. 볼츠만(Ludwig Eduard Boltzmann, 1844~1906)은 이 미시적 상태의 수를 열역학적 확률이라 불렀다. W는 확률 그 자체는 아니다. 이 전체 계의 오른쪽 용기와 왼쪽 용기를 각각 1, 2로 한다. 또한 1부분과 2부분, 각 상태의 열역학 확률을 각각 W_1, W_2로 한다. 이 2개를 합친 전체의 열역학적 확률 W는 W_1과 W_2의 곱이 된다.

계의 엔트로피는 1과 2 엔트로피의 합이 되므로 엔트로피가 열역학적 확률의 함수라면

$$S(W)=S(W_1W_2)=S(W_1)+S(W_2)$$

의 관계가 얻어진다. 이것을 만족시키는 것은 로그함수

$$S=klnW$$

이다. k는 상수이다. 이 관계를 볼츠만의 원리라고 한다.

부피 V의 용기에 N개의 분자가 들어 있는 기체의 열역학적 확

률을 W로 하고 이것을 일정 온도로 부피 $V/2$로 압축한 상태의 열역학적 확률을 W'로 한다. W와 W'의 차이는 한쪽은 각 분자가 부피 V 속을 자유롭게 움직이고 다른 쪽은 부피 $V/2$ 속을 자유롭게 움직인다는 것이다. 따라서 1개 분자의 열역학 확률에 대한 기여의 차이는 1/2이다. N개 분자의 기여에 의한 차이는 1과 $(1/2)N$이 된다.

그러므로

$$\ln W - \ln W' = N\ln 2$$

를 얻을 수 있다. 상수 k를 볼츠만 상수와 같다고 하면 엔트로피의 차 $Nk\ln 2$는 열역학에서 얻은 것과 일치한다. 이러한 사실로서도 볼츠만 원리의 상수가 볼츠만 상수와 같다는 것을 알 수 있다.

여기서 볼츠만의 원리에 대해 한마디 하면 이 식 자체를 처음으로 쓴 것은 볼츠만이 아니고 플랑크이다. 1906년 『열복사의 이론』의 초판에 처음으로 나타난다. 물론 열역학적 확률의 로그와 엔트로피의 비례 관계를 처음으로 말한 것은 볼츠만이기는 하다.

기체의 열역학적 확률

열역학적 확률이란 말은 자주 쓰인다. 그러나 보통 그 내용에 대해서는 별로 설명되어 있지 않고 추상적 개념에서 멈추어 있다. 여기서는 기체의 경우에 한하여 좀 더 생각해 보기로 하자. 이것을 더욱 진전시키면 통계역학이 된다. 이 책의 목적상 너무 깊게 다루는 것은 피하기로 한다.

부피가 2배가 아닌, 더욱 일반적인 경우로 부피가 V_0에서 V로 변하였을 때는 엔트로피의 변화가 $Nk\ln V/V_0$가 된다는 것을 나타낼 수 있다. 이 사실은 볼츠만의 원리에서 유도할 수도 있으나 이것은 통계역학책에 양보하고, 여기서는 열역학적 확률과 엔트로피의 관계에 기준을 두고 기체의 열역학적 확률의 성질을 생각해 보자.

기체의 부피가 V_0일 때의 열역학적 확률을 W_0, 부피가 N일 때의 열역학적 확률을 W라 한다면,

$$W/W_0=V^N/{V_0}^N$$

이다. 따라서 W는 CV^N의 형식으로 적을 수 있다. C는 상수이지만 온도에 의한다. 또한 이 상수는 분자 수에도 의한다. N개의 분자가 같은 종류의 것이라면 미시적 상태의 수를 셀 때, N개의 분자 교환에 의해 생기는 $N!$의 같은 것을 별개의 것으로 다루고 있으므로 $N!$로 나누어야만 한다. $N!$는 N 계승이며 1에서 N까지의 정수를 곱한 것이다. 또한 이 수는 N개의 배열을 바꾸므로 생기는 순열의 수이다. 가령, 10의 배열을 바꾸는 방법의 수는 10의 계승으로 10!는 362만 8800이며 상상외로 큰 수가 된다.

1개 분자 상태의 열역학적 확률을 ϕV라 하면 기체 상태의 열역학적 확률은

$$W=(\phi V)^N/N!$$

이 된다. ϕ는 상수이나 온도에 의한다. 이 ϕ는 오직 const.(상수)라고만 적으면 된다. 실제 계산에 사용하는 것은 열역학적 확률 그 자체가 아니고 그 로그이다. 로그의 계산으로는 $\ln N!$가 나오지만 이것에 대해서는

$$\ln N! = N\ln N - N$$

이라는 근사식을 사용한다. 이것을 스털링Stirling의 근사식이라 부른다. 이 경우, $\ln N$은 N에 비해 작으므로 무시된다. 실제로 보통 기체에서 N은 10^{23} 정도인데 반해 $\ln N$는 53 정도이므로 충분히 무시할 수 있다. 이 근사식을 적용하면 열역학적 확률의 로그는

$$\ln W = N\ln(V/N) + N\ln\phi - N$$

이 된다.

기체의 확산과 엔트로피

두 개의 용기 1, 2를 마개가 달린 관으로 잇는다([그림 10]). 마개를 닫고 2종류의 기체 a, b를 각각 용기 1과 2에 넣고 양쪽의 온도와 압력을 같게 해둔다. 마개를 열면 기체 a는 1에서 2로, 기체 b는

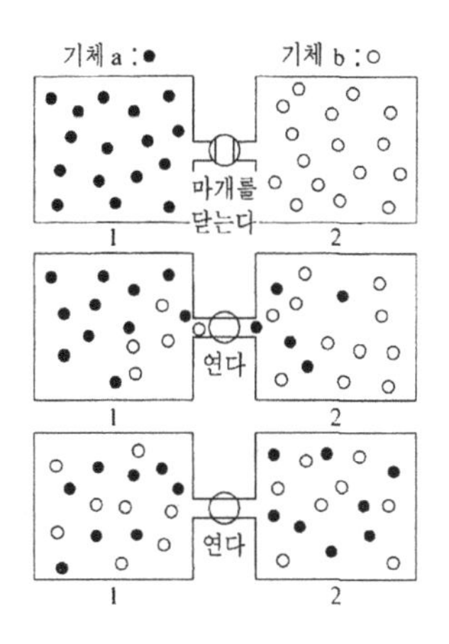

[그림 10] 기체의 확산과 열평형

2에서 1로 이동한다. 이러한 현상을 확산이라 한다. 이런 확산이 생기면 기체의 농도는 변화하지만 두 용기 속의 농도는 점차 비슷해져 양쪽이 같은 농도가 되면 열평형에 이른다. 이 확산의 과정은 단열적으로 이루어지지만 온도의 변화는 없다.

여기서 용기 1, 2의 부피를 V_1, V_2, 기체 a, b의 분자 수를 N_a와 N_b라 한다. 처음 a분자는 용기 1에, b분자는 용기 2에 들어 있고, 마개는 닫혀 있다. 양쪽의 압력과 온도는 같으므로 N_a/V_1와 N_b/V_2는 같다. 이때 마개를 열면 확산이 일어나 최종적으로는 양쪽 기체의 농도가 같게 되어 열평형에 이른다. 용기 사이의 마개를 열면 기체 a의 부피는 V_1에서 $V=V_1+V_2$로 변화하며 엔트로피의 변화는 $N_a k\ln(V/V_1)$이다. 또한 b의 부피는 동일하게 변화하여 그 엔트로피 변화는 $N_b k\ln(V/V_2)$이다. 이 2개를 합치면 혼합에 의한 엔트로피의 증가는

$$\Delta S=-k\{N_a\ln(N_b/N)+N_b\ln(N_b/N)\}$$

가 된다. 이것을 혼합 엔트로피라고 한다. N은 N_a+N_b이며 전체 분자수이다. 여기서 처음 양쪽의 압력이 동일하였으므로 부피의 비는 분자수의 비와 같다. 압력은 최종 상태에 이르러도 변하지 않는다. 이처럼 확산은 비가역현상이고 단열과정임에도 불구하고 엔트로피가 증가한다.

이상과 같은 엔트로피의 변화는 열역학으로 계산한 것이지만 이 방법으로는 확산이 가역적으로 일어나지 않는다. 본래의 열역학적 방법으로 엔트로피를 계산하는 것이라면 확산을 가역적으로 일어나게 하여야만 한다. 그러려면 반투막을 사용한 매우 기교적인

사고 실험에 의해야만 하는데 이것은 이해하기 매우 어렵다. 여기서는 더욱 직접적인 열역학적 확률을 적용하는 방법으로 설명하기로 하자.

마개를 열고 a, b 분자가 용기 1, 2 속을 자유롭게 운동하고 있을 때의 열역학적 확률을 생각해 보자. N_a+N_b개의 분자가 모두 다르다고 할 때의 배열수는 $(N_a+N_b)!$종류가 있지만 그중에서 $N_a!$종류는 a만의, $N_b!$종류는 b만의 교체에 의한 같은 것으로, 결국 $(W_a+N_b)!/N_a!N_b!$종류의 다른 배열이 있게 된다. 따라서 이 배열수의 증가에 의한 열역학적 확률과 각 분자가 부피 V의 전 공간을 자유롭게 운동하기 위한 엔트로피 증가는

$$\Delta S=kT\{\ln(N_a+N_b)!-(N_a!N_b!)\}$$

여기서 계승에 대해 스타링의 근사식을 사용하면

$$\Delta S=-kT\{N_a\ln(N_a/N)+N_b\ln(N_b/N)\}$$

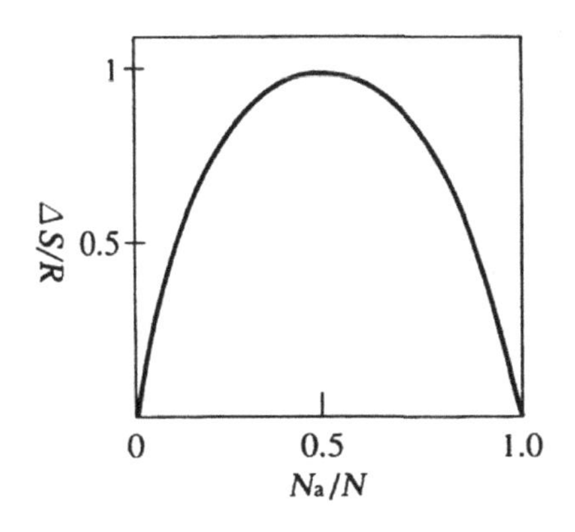

[그림 11] 분자의 농도와 엔트로피 (*R*: 기체상수)

가 된다. 이때 N은 분자수의 합, N_a+N_b이며 전과 같은 혼합 엔트로피가 얻어진다. 이처럼 혼합 엔트로피는 다른 분자의 혼합에 의한 열역학적 확률의 증가에 의한 것이 알려지게 되는 셈이다.

이러한 혼합 엔트로피를 분자 농도의 함수로서 나타내면 [그림 11] 같이 된다. 이것이 가장 커지는 것은 두 성분이 같은 농도로 혼합되어 있을 때이다.

볼츠만의 원리와 맥스웰-볼츠만 분포

여기에서 앞에서 설명한 맥스웰-볼츠만의 분포 법칙을 열역학적 확률의 가장 큰 분포로서 유도하는 것을 시도해 보자. 용기에 들어 있는 기체를 생각하자. 기체 분자가 취할 수 있는 에너지값을 ε_1, ε_2……ε_p……으로 하고 이들 에너지 값을 갖는 분자의 수를 n_1, n_2……n_p……으로 한다. 이러한 기체의 분자 수의 총합을 N, 분자의 에너지 총합을 U로 한다. 이처럼 에너지의 총합 U가 주어져 있어도 매우 다양한 분포가 있다. 그러나 이러한 분포 중에는 매우 실현하기 어려운 것, 실현하기 쉬운 것도 있다. 예를 들면 1개의 분자가 U에 가까운 에너지를 점하고 있고 다른 분자의 에너지는 0에 가까운 분포나 모든 분자가 거의 같은 에너지를 갖고 있는 분포는 절대로 실현되지 않는다. 가령 1개의 분자만 큰 에너지를 갖고 있다면 이 에너지는 충돌에 의해 다른 분자로 분배된다. 또한 모든 분자 에너지가 같다고 하여도 분자의 충돌이 생기면 그 결과 속도는 동일하지 않다. 즉 에너지가 동일하지 않은 분자가 나타난다.

이렇게 해서 열평형을 이룬 기체는 열역학적 확률이 최대로 되어 있다고 여겨진다. 이 최대가 되는 분포를 유도하려면 약간의 수학적 조작이 필요하므로 여기서는 생략하나, 온도 T일 때의 각 에너지의 분자 수 분포는

$$n_p = A\exp(-\varepsilon_p/kT)$$

가 된다. A는 상수이다. 분자의 에너지가 운동 에너지만이라면 이것은 앞에 설명한 맥스웰의 속도 분포와 같은 것이 된다.

분자가 운동 에너지만이 아니고 위치 등에 의한 포텐셜 에너지를 갖고 에너지 ε가 이들의 합으로 주어질 때에도 확률은 $-\varepsilon_p/kT$의 지수 함수에 비례한다. 이런 것을 포함하여 맥스웰-볼츠만 분포 법칙이라고 할 때가 있다. 또한 분자의 공간 분포는 포텐셜을 ϕ로 하면$\exp(-\phi/kT)$에 비례한다. 이것을 볼츠만 인자라 한다.

지상의 대기 중 공기 분자의 분포도 볼츠만 인자에 의한 것이다. 이 경우의 포텐셜 에너지는 중력 포텐셜이며 그 값은 높이에 따라 달라진다. 높이를 h, 중력가속도를 g라 하면 볼츠만 인자는 $e^{-mgh/kT}$이므로 m이 분자질량 정도라면 그 변화는 실험실에서는 문제가 되지 않을 정도로 작다. 높은 산에 올라갔을 때에 비로소 영향이 나타나고 기압이 낮아진다. 그러나 실제로 대기의 경우에는 높은 곳일수록 온도가 낮아지므로 볼츠만 인자로 주어지는 밀도 변화는 대체적인 경향을 나타낼 뿐이다. 페랑이 실험한 콜로이드 입자의 경우에는 질량이 크므로, 실험실의 수조 속에서도 볼츠만 인자가 작용하여 위쪽이 아래쪽보다 밀도가 작아진다.

분자 운동에서 본 비가역성

위에서 말한 것 같이 기체는 다수의 분자로 구성되어 있으며 그들 분자는 역학의 법칙에 따라 운동하고 있다. 이러한 분자의 운동이 가역적인 뉴턴역학을 따르고 있다면 분자가 아무리 많아도 그 집단은 뉴턴역학에 따라 운동하고 있다고 생각하는 것은 당연하다. 기체는 대단히 많은 분자의 집단으로 간주되지만 그래도 역학의 법칙에 따르고 있다. 뉴턴 역학에서 입자 운동은 운동방정식에 따르고 있다. 마찰이나 저항이 없는 운동에서는 입자속도에 관계될 만한 힘을 받지 않는다. 그럴 경우에는 입자는 전적으로 반대 방향으로 운동을 하는 것이 가능하다. 이런 운동을 '가역적'이라고 한다. 이러한 가역성은 입자가 2개 있어도 동일하다. 물론 힘은 2개의 입자가 서로 영향을 미치므로 복잡해진다. 이러한 것은 입자의 수가 아무리 많아도 마찬가지이다. 기체도 이런 의미에서는 가역성을 나타낸다고 여길 수 있다. 극단적으로 생각하면 모든 현상에는 마치 영화필름을 역회전시켰을 때 볼 수 있는 것 같은 가역성이 가능할지도 모른다. 그러나 이러한 가역성이 실제로 나타나는 일은 없다. 분자 운동의 역학적 가능성과 거시적 물체의 열역학적 비가역성의 모순을 최초로 해결하려고 한 것은 볼츠만이었다.

앞에서 설명했듯이 분자의 집단인 기체는 비가역적으로 열평형에 도달한다. 또한 일반적으로 열평형 상태가 아닌 기체에서는 속도 분포가 맥스웰의 속도 분포로 되어 있지 않다. 이 속도 분포라는 것은 속도 v의 분자수 $n(v)$라고 생각된다. 오직 실제는 속도가

볼츠만(Ludwig Boltzmann, 1844~1906년)

벡터이므로 이 속도 분포는 방향에도 따르는 것이다. 일반적으로 이 속도 분포는 분자끼리 충돌하기 때문에 변화하고 최후에는 맥스웰 분포로 되어 아무리 충돌하여도 변화하지 않는다. 볼츠만은 분자 충돌에 의한 속도 분포의 변화를 분자 충돌의 역할에서 주어지는 하나의 방정식을 유도하였다. 이 방정식은 미분과 적분을 포함한 약간 복잡한 방정식으로, 볼츠만 방정식이라 불린다.

볼츠만은 기체가 이 방정식에 따를 때의 속도 분포의 변화를 보려고 H함수라 부르는 속도 분포의 함수를 사용하였다. 정확히 말한다면 이것은 속도 분포 함수, 그 자체가 아니고 그것을 적분한 것이지만 여기에서는 이 이상 다루지 않겠다. 속도 분포의 변화가 볼츠만 방정식에 따르니 H의 시간에 의한 변화도 볼츠만 방정식에 따른다. 볼츠만은 이 H함수는 절대로 증가하는 일이 없고 최후에는 일정한 값에 이른다는 것을 증명하였다. 이것을 볼츠만의 H정리라고 말한다. 이 최후의 상태에서 분포 함수는 맥스웰 분포가 된다. H함수는 맥스웰 분포가 될 때까지 계속 감소한다.

또한 기체에 대해서 이 H함수의 성질을 알아보면 열평형에 이르렀을 때, H는 엔트로피에 마이너스를 붙여 볼츠만 상수 k로 나눈 것과 같은 것으로 된다. 여기서 엔트로피와 H함수의 관계를 비평형도 포함하여 일반적으로 고려하면 H정리는 평형에 가까워지면 엔트로피가 증대한다는 것에 해당한다.

H정리는 기체가 평형에서 이탈한 상태에 있으면, 비가역적으로 변화하여 평형 상태를 이룬다는 것을 가리키고 있다. 이러한 사실은 앞에서 설명한 우리들의 경험과 일치한다. 그러나 이론적으로

는 이것으로 역학적 가역성과의 모순이 해결된 것은 아니다. 이 H 정리의 증명에는 무엇인가 역학 이외의 것을 증명 속에 포함하고 있다는 논의가 볼츠만 시대부터 있었다. 1867년에 로슈미트Johann Josef Loschmidt, 1821~ 1895가 시간의 플러스·마이너스를 역전하면 기체는 처음과는 반대 경로를 따라 변화하여, 볼츠만의 H함수도 원래대로 되돌아가게 되어 H함수는 증가하므로 볼츠만의 모델은 성립하지 않는다고 주장하였다. 또한 수학자 체르멜로Ernst Friedrich Ferdinand Zermelo, 1871~1953는 1896년에 닫힌 역학계는 어느 시간 후에는 원래의 상태에 얼마든지 가까운 상태로 되돌아간다는 푸앵카레Henri Poincare, 1854~1912의 재귀정리에 근거하여 H정리는 역학과는 관계없는 현상론적 모델을 적용하였기 때문에 비가역성이 나타난 것이라고 반론하였다.

이러한 로슈미트 등의 반론에 의해 역학의 가역성과 열역학의 비가역성의 모순은 전혀 해결되지 못한 채로 20세기의 절반을 보냈다.

컴퓨터 시뮬레이션

볼츠만의 H정리에 관한 긴 논쟁은 20세기에 들어서도 해결되지 않았다. 그러나 이것은 1976년 베르만Bellemans과 오르반Orban의 컴퓨터 시뮬레이션에 의한 수치실험으로 상당히 해명되었다. 이 수치실험은 분자의 운동방정식을 컴퓨터를 사용하여 해석하고 계산하여 그 분자의 운동으로 기체의 성질을 알려는 것이다. 베르만 등의 계산은 100개의 분자에 대해 실시되었다. 이 계산에서는 강체 원반 분자의 2차원 기체를 다루었다. 이 계산에 의한 *H*함수의 시간 변화는 [그림 12]에 제시된 것같이 되었다. 또한 도중에서 이 강체 원반 기체의 분자 속도를 반전하면 *H*함수는 거기에서 반대 방향으로 증가하여도 각 분자도 전부 역방향으로 운동을 걸쳐 로슈미트의 반론대로 된다. 그러나 컴퓨터 시뮬레이션으로 어느 시각에서 반대 방향으로 운동에서 이탈하여 *H*함수도 증가에서 감소로 변하고 결국은 평형치에 이른다. 이것은 컴퓨터의 수치는 0과 1의 2진법 숫자로 표현되고, 거기에 고유의 자릿수가 있어 마지막 자리는 조절하여 0이나 1로 하기 위한 오차가 쌓여 실제로 기대되는 운동에서 벗어나게 된다. 반대 방향의 운동에서는 오차의 표현 방법이 다르므

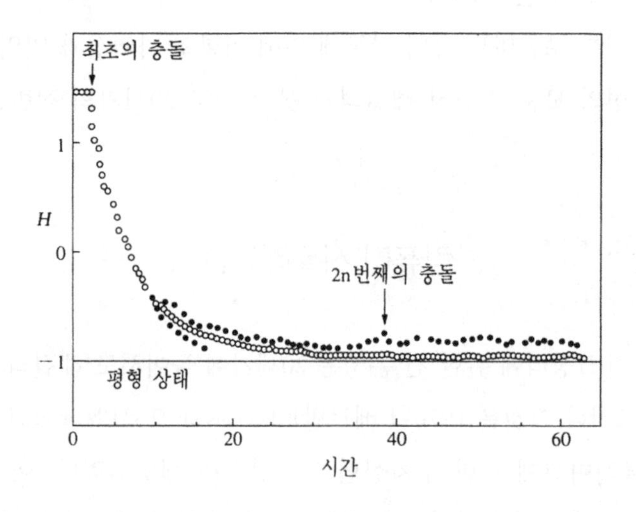

[그림 12] 계산기 실험에서 본 *H*함수의 시간변화 (Bellemans과 Orban 1967에 의함)

로 어느 시점부터는 *H*정리에 따르는 것 같은 변화를 하기 때문이다. 실제의 컴퓨터에서는 2진법으로 32자리나 64자리나, 그 자릿수의 선택 방법에 따라서도 결과는 달라진다. 그러나 어떤 경우든 결국은 *H*정리에 따르는 듯한 변화를 한다.

이것은 얼핏 보기에 수치계산의 오차 때문에 생기는 문제인 것 같으나, 오차 하나하나를 외부로부터의 열요란이라 본다면 컴퓨터 시뮬레이션의 각 단계에서 이러한 오차에 의한 열요란을 받는다고 생각할 수도 있다. 실제의 기체도 완전히 고립되어 있는 것은 아니며 물질로 된 기벽으로 되어 있어, 그것을 만드는 분자의 열운동을 위한 요란을 받게 되므로 *H*함수는 일시적으로는 증가하는 일은 있어도 즉각적으로 감소로 변할 것이라는 것을 나타내고 있다고 간주된다.

베르만 등은 2차원의 경우에 100개의 강체 원반에 대해 실시하였으나 1979년에 필자와 나이토(內廢豊限) 씨가 500개의 강체구에 대해 실시한 3차원의 계산으로도 같은 결과가 얻어졌다. 이처럼 기체의 처음 조건에서는 처음에 *H*함수가 증가하는 일은 있으나 극히 짧은 시간 후에는 감소로 전환한다는 사실이 밝혀지게 되었다.

맥스웰의 데몬

맥스웰은 1871년에 발표한 『열의 이론Theory of Heat』에서 데몬에 대해 설명하고 있다. 데몬이란 초인적 또는 영적 능력을 갖고 있다는 뜻이다. 흔히 악마라고 번역되고 있으나 적절하다고 여겨지지 않으

[그림 13] 맥스웰의 데몬

므로 여기서는 그대로 '데몬demon'이라고 해둔다.

두 용기를 칸막이로 막는다. 여기에 기체를 넣어 두면 전체가 열평형을 이루고 두 용기 속의 압력과 온도는 같게 된다. 칸막이에 작은 문을 달아 둔다. 맥스웰은 데몬이 이 문을 지키고 있어 일정한 속도보다 빠른 분자가 왼쪽에서 오면 통과시키고, 그것보다 늦은 분자는 문을 닫아 통과시키지 않는다는 상황을 상정하였다([그림 13]). 오른쪽에서 오는 분자는 그 속도보다 늦은 것을 통과시키고 빠른 것은 통과시키지 않는다. 데몬이 이 조작을 계속하면 오른쪽 용기의 온도는 점점 올라가고 왼쪽 용기의 온도는 점점 내려간다. 이것은 외부로부터 아무런 작용을 하지 않아도 열평형에 있는 계 내에서 온도가 높은 장소와 낮은 장소가 자연적으로 생기고 그 후에 온도가 낮은 곳에서 높은 곳으로 열이 이동하게 되어, 제2법칙에 반하여 엔트로피가 감소하는 결과가 된다. 이러한 두 용기를 이은 계에서는 방치해두면 열평형이 되어 왼쪽에서 오른쪽으로 이동하는 분자의 수와, 오른쪽에서 왼쪽으로 이동하는 분자의 수는 평균하여 같다. 오직 순간순간을 취하면 왼쪽에서 오른쪽으로 이동하는 분자 수와 오른쪽에서 왼쪽으로 이동하는 분자 수는 같지 않다. 여기서 분자의 순간적인 운동 상태를 감지하여 그것을 제어할 수 있다면 맥스웰의 데몬이 되는 셈이다. 데몬은 순간적으로 분자를 감지하고, 속도를 알고, 문의 개폐를 제어하여야 한다.

이것은 참으로 초인적 능력을 필요로 하는 일이다

그러나 전자를 응용하여 이러한 작용을 하는 장치를 만들었다 해도 그 목적을 달성할 수는 없다. 장치 자체는 용기 외부에 있어커도 좋으나, 분자를 감지하는 부분과 문을 작동시키는 부분은 계 안에 있어야 한다. 이러한 장치가 작동하기 위해서는 전원에서 전력을 공급하여야 한다. 전원은 전지처럼 계의 내부에 있어야 한다. 그러나 이렇게 함으로써 열이 생겨 엔트로피가 증가한다. 장치가 작용하여 데몬의 역할을 하여 엔트로피를 감소시켰다 하여도, 전력의 소비로 증가한 엔트로피를 보상하는 것은 불가능하며 균형상으로는 엔트로피가 증가한다. 이러한 사정은 생물의 도움을 빌려도 마찬가지이다. 그러므로 맥스웰의 데몬의 작용을 하는 것을 생각한다는 것은 불가능하며 맥스웰의 데몬 또는 이것을 대치할 수 있는 것은 존재하지 않는다.

맥스웰의 데몬 이외에 1929년에 실라드가 정량적으로 연구한 데몬이 있으나 이것에 대한 설명은 생략한다. 어찌 됐든 데몬에 대해서 많은 물리학자가 흥미를 가진 것은 사실이다.

6

열복사와
에너지의 양자

열복사는 에너지의 형태 중에서도 특별한 것이다. 그것은 열과 달리 다른 형태의 에너지로 전환한다. 진공 같은 곳에 전자기파로서 존재하고 있다. 또한 양자론의 기원도 이 열복사에 있었다.

열의 이동과 열복사

열은 고온의 물체에서 저온의 물체로 이동한다. 그 이동 방법은 크게 3개로 나누어진다. 그 하나가 열전도이며 물질의 이동을 수반하지 않고 열이 물체 속을 이동하는 현상이다. 그 이외에 주위와 온도가 다른 물질이 이동하므로 열이 운반되는 현상이 있다. 대류는 그 하나이다. 기체나 액체에서 계면을 통해서 고체로 열이 이동하는 현상을 열전달이라 한다.

열은 뜨거운 물체에서 찬 물체로 열복사로도 전달된다. 열복사에 의해 열은 사이에 물질이 없는 진공을 통해서도 전달된다. 전달되는 속도는 빛의 속도이다. 태양의 열은 이 열복사에 의해 직접 전달된다. 열복사를 받은 물체의 표면은 그 일부를 흡수하고 나머지는 반사한다.

흑색의 표면은 열복사를 잘 흡수하고 백색의 표면은 별로 잘 흡수하지 않고 반사한다. 겨울에 검은 옷을 입고 여름에는 흰 옷을 입는 것은 각기 태양빛을 잘 흡수하고, 흡수하기 어렵기 때문이다.

한편, 백색의 표면은 흑색의 표면에 비해 열복사를 하기 어렵다. 북극곰의 털이 하얀 것은 표면에서 열이 도망가는 것을 적게 하고 체온을 유지하는 데 필요하기 때문이다.

실내에 가열한 철 같이 온도가 높은 물체를 방치해 두면 점점 열을 상실하여 주변 환경과 같은 온도가 된다. 이것은 뜨거운 물체가 복사 등의 방법으로 열을 상실하기 때문이다. 이러한 사실은 그 물체 가까이에 손을 쬐면 따뜻함을 느낄 수 있는 것으로도 알 수 있다. 이러한 냉각은 복사뿐만 아니라 주변 공기에 의한 냉각에도 의한다. 주변 공기가 바람을 타고 움직이고 있을 때는 그 영향이 한층 더 크다. 이처럼 환경에 의한 냉각작용은 근사적으로 그 물체의 표면온도와 환경의 온도 차에 비례한다. 이것을 뉴턴의 냉각 법칙이라 하며 그 비례상수는 표면이나 주위의 공기상태에 의한다.

기상정보 등에서 복사냉각이란 것은 맑게 개인 밤에 지상의 물체가 하늘을 향해 열복사를 하여 냉각되는 현상으로 주변의 물체 등에서 받는 열과 균형을 이룰 때까지 냉각은 계속된다. 흐린 날에는 구름에 반사된 열복사를 받기 때문에 기온이 별로 낮지 않다. 날씨가 갠 날 기온이 별로 낮지 않아도 서리가 내리는 것은 이 복사냉각에 의한 것이다.

온도가 높아지면 복사에 의한 열의 수송은 한층 커진다. 하나의 예가 지구 내부의 열의 수송이다. 온도가 높은 지구 내부에서 지표로 나오는 열의 양과 지구를 구성하고 있는 암석 등의 열전도율을 이용하여 내부 온도를 계산할 수 있는 것이다. 그러나 수천 도(℃)의 고온이 되면 열복사가 암석을 투과하게 되어 열전도에 의한 것과 대체로 같은 정도의 열이 열복사로 수송된다. 이것은 열전도율이 약 2배로 된 것과 같으며 이전에 열복사에 의한 수송을 고려하지 않고 계산한 지구 내부의 온도는 2배나 높았던 셈이다.

흑체와 흑체복사

앞에서 설명했듯이 검은 물체는 복사를 잘 흡수하지만 여기에서는 모든 복사를 완전히 흡수하는 이상적인 물체를 생각하고 이것을 흑체 또는 완전흑체라 부른다. 이와 같이 완전흑체는 현실에 존재하는 것은 아니지만 열기관 이론의 카르노 기관같이 이론을 구성하는 데 필요한 이상적인 극한 방법이라고 생각할 수 있다.

여기서 일정한 용기에 봉쇄되어 있는 열복사를 생각해 보자. 이러한 복사가 존재하고 있는 공간을 복사장이라 한다. 일반적으로 이 열복사는 열평형이 아니라, 이 속에 흑체를 넣어 두면 흑체는 열복사를 흡수하거나 방출하여 전체가 열평형을 이룬다. 이 흑체와 열평형에 있는 복사가 흑체복사이다. 이 흑체복사는 흑체가 방출하는 열복사와 같은 것으로 이때 흑체의 온도가 그 열복사의 온도이다. 실제로 고온물체 등에서 방출되는 열복사는 흑체복사에서 벗어나 있으나 작은 구멍이 뚫린 공동(空洞) 속에 밀폐되어 있을 때 구멍을 통해 공동에서 나오는 복사는 그 공동 속의 온도를 자체의 온도로 하는 흑체복사와 같은 것이다. 이러한 사실로써 흑체복사를 공동복사라고 할 때도 있다.

복사는 전자기파의 모임이므로 열복사에는 여러 가지 파장의 전파기파가 들어 있고 각각 특유한 강도를 갖고 있어 고유의 스펙트럼을 이루고 있다. 흑체복사의 스펙트럼은 온도에 의해 정해진다. 흑체는 이러한 것들의 진동수의 복사를 모두 흡수하여 흑체가 복사장과 열평형을 이루고 있을 때는 방출되는 복사도 각 진동수별

철을 가열하여 온도를 높이면 적색에서 황색, 나아가서 백색이 된다.

로 흡수되는 것과 균형이 잡혀 있다.

금속은 엄밀한 의미에서 흑체는 아니지만 가열한 금속에서 나오는 복사는 흑체복사와 비슷하다. 철을 가열하면 처음은 둔한 적색으로 빛을 내고 온도를 높여 가면 점차 밝게 빛나고 색도 적색에서 황색으로 변하고, 더욱 온도를 높이면 차차 백색이 된다. 이것은 열복사의 스펙트럼이 온도를 높이면 파장이 짧은 쪽으로 이동하는 것을 나타낸다. 가열한 금속뿐 아니라 밤하늘의 별도 그 표면온도에 해당하는 스펙트럼을 나타낸다. 푸른 별은 고온이고 붉은 별은 저온이다.

물론 흑체로 간주할 수 없는 물질도 있다. 대체로 투명한 것은 흑체와는 현저하게 관계가 멀다. 유리 같은 물질은 녹을 정도로 고온으로 하면 붉게 빛나도 투명하다. 필자도 학생 때 유리세공을 했을 때, 처음에는 뜨거운 유리가 빛나고 있지 않으므로 방심하고 손으로 만져 화상을 입었고 나무 책상 위에 바로 놓아 책상을 검게 태운 일을 기억한다. 공기는 열복사를 거의 흡수하지 않고 통과시킨다.

광자와 에너지의 양자

열복사도 빛도 같은 전자기파이다. 그러나 열복사 등에서는 10^{-4}m 보다 파장이 짧은 것을 생각하면 된다. 그중에서 10^{-6}m(1μm) 정도보다 파장이 긴 것을 적외선이라 부르며 이런 것은 보통의 고온에서 주로 열작용에 관계된다. 또한 파장 0.78~0.38μm의 것이 눈에 보이는 빛, 다시 말해 가시광선이다. 이것보다도 파장이 짧고, 파장 0.01μm 정도로 눈에 보이지 않는 것을 자외선이라고 한다. 그러나 이것은 편의상 붙인 이름이며 그들 사이에 본질적인 차이가 있는 것은 아니다. 또한 가시광선이나 자외선에도 물론 열작용이 있다.

빛이 광자라는 입자로 되어 있다는 것은 잘 알려져 있으나 이것은 에너지의 본질에 관한 중요한 일이므로 좀 상세하게 설명하기로 하자. 광자의 발견은 광전효과의 실험에서 비롯된다. 실험은 [그림 14]같이 속을 진공으로 한 유리구에 (–)극과 (+)극을 밀봉하고 (–)극을 전지의 마이너스 단자, (+)극을 플러스 단자에 접촉시키고, 그 사이에 전류계를 넣어 둔다. 이때, (–)극에 빛을 조사하면 전류가 흐른다. 이것은 빛을 받아 (–)극에서 전자가 방출되어 (+)극을 향해 진공 속을 흐르기 때문이다. 이 현상이 광전효과이다. 또한 이 전자를 광전자라고 한다.

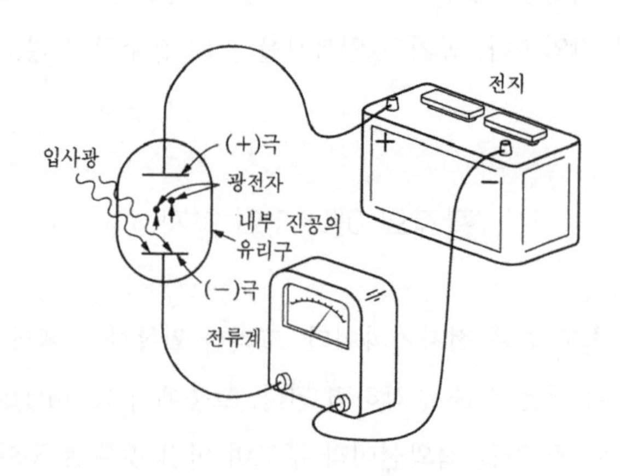

[그림 14] 광전효과의 실험

처음에는 이 현상을 다음과 같이 생각하였다. 빛은 전자기파이므로 빛이 음극을 이루는 금속에 닿으면 금속 내에서 진동하고 있는 전자에 공명진동을 일으켜 그 진폭이 커지므로 표면에서 방출한다. 그러나 빛이 강하다면 전자는 빨리 방출되고 약하면 전자가 방출될 때까지의 시간이 걸려야 할 것이다. 실제로는 빛이 강하거나 약해도 빛을 댄 순간에 전자가 방출된다. 또한 이 광전효과는 쪼인 빛의 파장에도 관계된다. 어떤 파장(진동수)보다 짧은(높은) 빛만이 광전효과를 일으키고 그것보다 파장(진동수)이 긴(낮은) 빛은 광전효과를 일으키지 않는다. 이 파장(진동수)을 한계파장(한계진동수)이라 한다. 한계진동수는 음극을 구성하는 금속(혹은 그 화합물)의 종류에 따라 다르다. 또한 진동수가 한계진동수보다 높으면 방출하는 전자의 운동 에너지는 진동수에 비례하여 커지며 그 비례상수는 음극의 물질에 관계없이 일정하다.

아인슈타인은 1905년에 이것을 설명하였는데 진동수 ν의 빛은 에너지 $h\nu$의 광양자라는 입자로 이루어져 있다는 생각을 발표하였다. 이 비례상수 h는 플랑크가 열복사의 획기적인 이론에서 제시한 것으로 플랑크 상수라고 불린다. 그 값은 6.626176×10^{-34}J·sec이다. 플랑크는 1900년 흑체복사의 이론에서 진동수 ν의 진동자는 $h\nu$의 크기의 에너지를 방출 또는 흡수하고, 그 중간의 에너지는 방출도 흡수도 하지 않는다는 생각을 발표하였다. 이것이 양자론의 시작이다. 또한 이 방출하거나 흡수하는 $h\nu$라는 에너지의 덩어리를 양자라고 부른다. 아인슈타인의 생각은 빛 속에서는 이 에너지의 양자가 광양자라는 입자로서 존재한다는 것이다. 이 광양자의 생각으로 광전효과의 실험은 모순 없이 설명되었다.

광양자는 에너지뿐만 아니라 운동량을 갖는 입자이다. 이 입자를 광자라고 부른다. 상대성 이론에 의하면 입자의 에너지와 운동량의 비는 광속도의 제곱을 입자의 속도로 나눈 것과 같으나, 이것은 광자의 경우에는 광속도 c와 같으므로 광자의 운동량은 $h\nu/c$인 셈이다. 진동수 ν 대신 파장 λ를 적용하면 운동량은 h/λ가 된다. X선은 파장이 10^{-8}m(10mm) 정도보다 파장이 짧은 전자기파이다. 따라서 파장이 짧은 X선의 광자의 운동량은 커지고, 전자에 의한 X선의 산란으로 X선의 파장이 변화하는 것과 동시에 전자가 튕겨 나가는 것이 관측된다. 이것을 콤프턴 산란이라 한다. 이 산란에서 X선의 파장이 변화하는 것을 콤프턴 효과라고 한다. 콤프턴 산란에 의한 X선의 파장변화는 튕겨 나온 전자의 방향에서 입자로서의 광자와 충돌 시의 에너지와 운동량의 보존법칙에서 계산한 것과 일치하는 것이 확인되었다.

고체의 양자론

결정 고체 속에서는 원자가 규칙적인 격자를 이루며 배열되어 있어 각 원자는 그 평형점을 중심으로 운동하고 있다. 평형점에서 이탈하면 계속 끌어당기려는 힘을 받는다. 이 이탈이 작을 때 힘은 이탈의 크기에 비례한다고 보인다. 중심에서의 거리에 비례한 힘을 받아 중심으로 끌리고 있는 역학계를 조화진동자라고 한다. 여기서는 설명을 간단하게 하기 위해 이것을 단순히 진동자라 부르기로 한다. 그러면 결정의 간단한 모형으로서 원자를 모두 진동자로 간주하는 경우를 생각할 수 있다. 이러한 결정 모형은 아인슈타인이 최초로 사용한 것이며 아인슈타인 모형이라 불린다. 1개의 3차원 진동자는 3개의 1차원 진동자와 동등하므로 N개의 원자로 이루어진 결정의 모형으로서 $3N$개의 1차원 진동자를 사용할 수 있다.

여기에서는 우선 1차원 진동자의 운동을 생각하기로 하자. 이 진동자의 진동수를 ν로 하면 이 진동자는 에너지 양자 $h\nu$를 흡수하거나 방출하는 이외에는 에너지를 바꿀 수 없다. 따라서 이 1차원 진동자가 취할 수 있는 에너지는 $h\nu$의 정수배라 하여도 좋다. 여기에는 오직 부가상수를 더해도 무방하나 여기에서는 그것에 대한 논의는 생략한다.

이처럼, 양자론에서는 계가 취할 수 있는 에너지값은 연속이 아니며 어떤 정해진 에너지값의 조組에 제약되어 있어 이것을 에너지 준위라고 한다. 가령 1차원 진동수의 에너지 준위는 $nh\nu$인 것이다. 이 n을 양자수라 하며, 1차원 진동수의 경우에는 0 또는 플러스의 정수整數이다. 온도 T에서 열평형에 있는 1차원 진동자가 nhv의 에너지 준위에 있을 확률은 맥스웰-볼츠만의 분포법칙에 의해 $\exp(-nh\nu/kT)$에 비례한다. 또한 여기에서 온도 T일 때의 진동수의 에너지 평균치를 계산할 수 있다. 아인슈타인 모형에서 $3N$개의 진동자가 모두 같은 진동수로 진동하고 있으므로 결정의 내부 에너지는 이 $3N$배이다. 여기서 결정의 정적비열을 계산할 수 있다. 이 비열 C_V의 온도에 의한 변화는 [그림 15] 같이 온도가 0에 가까워지면 비열도 0에 가까워진다. 또한 온도가 높아지면 $3Nk$에 가까워진

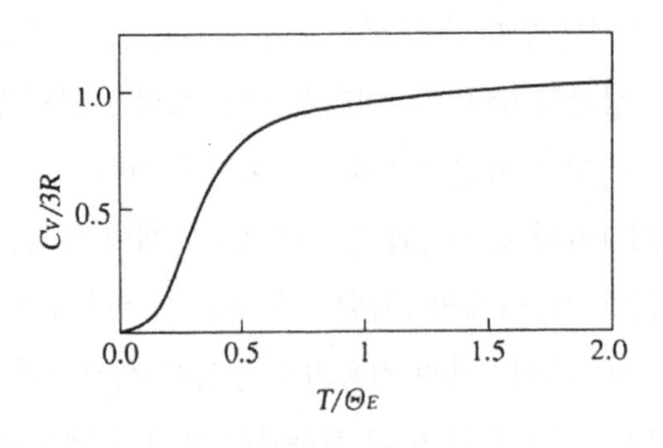

[그림 15] 아인슈타인 모형에서의 비열(C_v)의 온도에 의한 변화

다. 이것은 원소의 몰비열은 그 종류에 관계없이, 기체상수 R과 같다는 뒬롱-프티의 법칙에 따른다는 것을 의미한다. 아인슈타인 모형에서 $h\nu/k$를 아인슈타인 온도라 하며 Θ_E라고 쓴다.

아인슈타인 모형은 원자가 모두 같은 진동수로 진동한다고 하고 있으나 이것은 물리적으로 약간 거칠다. 그러므로 온도가 0에 가까워지면 실제보다 급격하게 0이 된다. 데바이Peter Joseph William Debye, 1884~1966는 이와 같은 결정에서는 원자가 서로 힘을 미치고 있어 이러한 진동은 낮은 진동수에서 높은 진동수에 걸쳐 분포하고 있다고 한다. 그런 분포를 주는 것이 진동수 스펙트럼이다. 그 스펙트럼을 $q(\nu)$라 한다. 진동수가 낮은 곳에서는 스펙트럼은 ν^2에 비례하여 증가한다고 여겨진다. 그러나 진동의 개수는 $3N$을 초과하는 일이 없으므로 어떤 값보다는 큰 ν에 대해서는 $q(\nu)$는 0이 되나, 그 상한에 가까운 곳에서는 ν의 복잡한 함수가 된다. 디바이는 어떤 진동수 ν_D까지는 ν^2로 증가하고 ν_D보다 위에서는 0이라는 근사를 적용하였다. 이것을 데바이 모형, ν_D를 데바이 진동수라 하며 $h\nu_D/k$는 데바이 온도이고 Θ_D로 나타낸다. 여기서 $3N$개의 진동수가 열평형에 있다 하며 데바이 스펙트럼의 기여를 더한 비열을 부여하는 식을 데바이의 비례식이라 부른다. 또한 데바이의 스펙트럼을 갖는 진동수의 모임을 결정의 데바이 모형이라 한다. 데바이 온도는 여러 가지 방법으로 정해져 있다. 데바이의 비례식은 실측과 매우 잘 일치된다. 데바이의 비례식에 의하면 저온에서 온도가 0에 가까워지면 비열이 온도의 세제곱에 비례하도록 되는데, 이러한 사실은 실험으로도 확인되었다. 한편, 온도가 높아지면 뒬롱-프티의 법칙에 따르도록 되는 것은 아인슈타인 모형의 경우도 같다.

플랑크의 복사식

열복사는 물체 내의 전자 등이 진동하여 방출하는 복사이다. 따라서 물체로부터의 복사는 전자, 원자, 이온의 운동에 관계되며, 물질의 종류에 따르는 셈이다. 또한 이러한 운동은 격렬해지면 강한 복사를 방출한다.

용기 속에 밀폐된 전자기파를 생각해 보자. 용기의 벽은 전자기파를 완전히 반사하는 것으로 생각하자. 또한 그 전자기파는 시간이 경과해도 변하지 않는 정상파라고 하자. 이러한 파장이 1개가 아니고 다수의 정상파가 들어 있는 경우를 생각하자. 이 용기 속에서 각 정상파는 서로 독립적이며 언제까지나 그대로 변화하지 않고 있는 셈이 된다. 그러나 이것은 실제로는 있을 수 없는 이상적인 경우이다. 실제로는 어떤 파장의 정상파의 진폭은 커지며 어떤 정상파의 진폭은 작아지는 일이 생긴다.

정육면체 용기 속의 정상파를 생각해 보자. 이 용기의 벽이 완전히 전자기파를 반사할 수 있는 것이라면 전자기파는 벽에서 항상 0이 될 수 있어야만 한다. 이러한 파장의 진동수 스펙트럼도 결정의 경우와 마찬가지이다. 전자기파의 경우에는 좀 더 구체적인 고찰을 하면

$$q(\nu)=8\pi V\nu^2c^3$$

을 얻을 수 있다. V는 용기의 부피이다. 오직 결정의 크기 차이는 자유도에 제한이 없기 때문에, ν도 상한이 없다는 것이다. 이 진동 스펙트럼은 정육면체뿐만 아니라 기타 임의의 형태의 용기에 적용된다고 여겨도 무방하다.

용기에 밀폐된 전자기파는 그것만으로는 상호작용을 하지 않으므로 열평형이 되지 않는다. 그러나 용기에 작은 흑체를 넣어 두면, 그것이 모든 파장의 전자기파를 흡수하고 또한 방출하므로 전자기파 전체가 열평형이 되어 일정 온도의 열복사가 된다.

결정의 경우와 같이 생각하면 온도 T일 때의 진동수 ν의 진동자 에너지의 평균값을 알 수 있다. 이때 복사의 전에너지는 여기에 진동수 스펙트럼을 곱하고 ν에 대해 합친 것이 된다. 단위 부피당의 진동수 ν에 대한 복사 에너지의 밀도를 나타내는 식을 플랑크의 복사식이라 한다. 이 식은 1900년에 플랑크가 유도한 것으로 양자론은 이때 시작되었다.

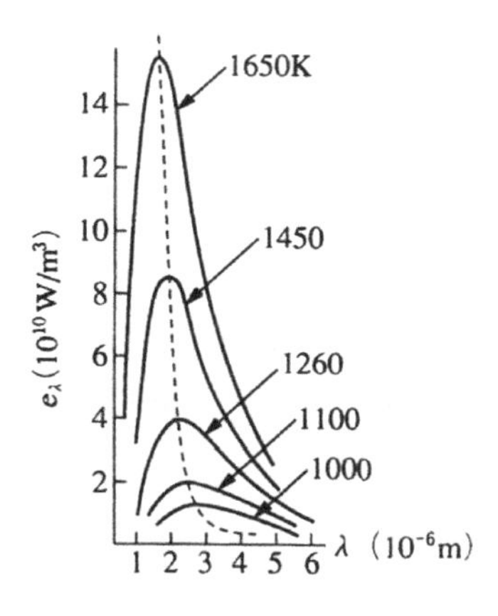

[그림 16] 파장 λ와 밀도 U_λ의 관계

플랑크의 복사식을 진동수 대신에 파장 λ에 대한 밀도 U_λ로 고쳐 쓸 수 있다. 이 식을 적용하였을 때의 U_λ와 λ의 관계는 [그림 16]에 나타낸 것같이 된다. 이 그림에서 플랑크의 식은 온도가 높아지면 열복사 중에 파장이 짧은 것이 점차 많아지는 것을 나타낸다. 한편, 흑체 복사에 대해 앞에서 설명했듯 이 금속 등과 같이 근사적으로 흑체에서 볼 수 있는 것은 고온이 되는 데 따라 복사색이 적, 황, 청으로 변하는 것을 나타낸다. 이것에 관해서는 온도가 지나치게 높지 않을 때는 최강이 되는 파장과 온도의 곱이 근사적으로 2.898μm·K가 된다는 관계가 성립된다. 이 관계는 빈(Wilhelm Carl Werner Otto Fritz Franz Wien, 1864~1928)의 변이법칙으로서 플랑크의 복사식보다 이전부터 알려져 있던 것이다.

또한 이 그림에서 온도가 높아지면 U_λ는 전체로서 강해지는

것을 알 수 있다. 플랑크의 복사식을 모든 파장에 대해 더하면 복사에너지의 전체밀도 u를 얻게 되며,

$$u=(4\sigma/c)T^4$$

이 된다. 이 식을 슈테판-볼츠만 법칙이라 하며, 복사밀도가 온도의 4제곱에 비례한다는 관계이며 플랑크 방정식의 발견보다 전에 열역학만으로 유도된 것이다. σ는 슈테판-볼츠만 상수이며 그 값은 $5.67\times10^{-8}W\cdot m^{-2}K^{-4}$다. 또한 흑체의 단위면적에서의 복사도 온도의 4제곱에 비례한다. 이 법칙을 적용하면 별 등 먼 곳에 있는 물체의 온도를 측정할 수 있다. 별의 온도는 플랑크의 방정식에 의해 그 빛의 진동수 스펙트럼으로 정할 수 있다.

앞에서 설명했듯이 한 광자의 운동량은 그 에너지를 광속도로 나눈 것과 같으므로 빛이 단위면적을 통해 운반하는 운동량은 에너지밀도의 3분의 1을 광속도로 나눈 것 $u/3c$가 된다. 3은 에너지밀도에는 3개 방향으로 진행하는 것이 있다는 것을 생각해야 하기 때문이다. 이것은 빛이 미치는 압력, 즉 광압이다. 혜성의 꼬리가 형성되어 그것이 태양과 반대 방향으로 향하는 것은 태양의 광압 때문이다.

용기에 밀폐한 복사와 결정 사이에도 유사성이 있으나 여기에는 근본적인 차이가 있다. 그것은 결정의 경우 데바이 진동수와 같은 진동수의 상한이 있어 진동수가 유한인 데 반해, 복사의 경우에는 진동수에 제한이 없다. 그러므로 결정에서는 온도가 높아지면 뒬롱-프티의 법칙에 따르게 되나 복사는 이런 일이 없고 에너지밀도는 온도에 수반하여 급격하게 증가한다.

7

질량은 에너지이다

질량이 에너지 형태의 하나라는 것은 19세기 말까지는 어느 누구도 상상하지 못했다. 아인슈타인의 상대성 이론에 의해 이 사실이 밝혀져 사람들은 놀랐으나 실험적 사실과 연관되는 것은 거의 없었다. 20세기 초에 이르러 원자핵 반응이 발견되어 완전히 친근하게 경험과 관련 있는 것으로 되었다.

이 장에서는 상대성 이론에 관한 이야기는 최소한으로 줄이고 핵반응, 핵분열, 핵융합에서 에너지로서의 역할에 대해서 설명하겠다. 또한 양전자 등의 반입자나 뉴트리노(중성미자)에 대해서도 설명하겠다.

질량과 에너지

물질이 에너지라는 것은 2장에서 간단히 설명하였다. 질량을 에너지의 하나로 다루게 된 것은 20세기의 일인데, 상대성 원리의 발견에 의해 처음으로 밝혀졌다. 그것은 운동하고 있는 물체의 속도가 광속도에 가까워지면 질량이 속도에 의해 커진다는 것이 이론적으로 밝혀졌기 때문이다.

물체의 질량 m과 그 에너지 E와의 관계는

$$E=mc^2$$

이라는 식으로 주어진다. 원래 이 식은 상대성 이론에서는 속도가 커지면 질량이 커지고 그것에 수반하여 에너지도 커진다는 것을 가리키는 것으로 보인다. 상대성 이론에 의하면 고속 물체에서 이 에너지는 다른 에너지로 전환한다는 것을 나타낼 수는 있다. 그러나 이 상대성 이론에서의 질량과 에너지의 관계는 복잡하며 어려우므로 나중에 설명하기로 하겠다.

물체가 정지하고 있을 때의 질량, 보통 질량을 정지질량이라고 한다. 또한 이때의 에너지를 정지 에너지라고 한다. 이 정지 에너지에 관한 것은 나중에 설명하기로 한다. 운동을 하면 물체의 에너지는 증가하지만 뉴턴역학에서는 여기에 운동 에너지가 더해진다. 바꾸어 말하면 물체의 에너지는 정지 에너지와 운동 에너지의 합이라는 말이다. 정지 에너지는 단순한 부가상수에 불과한 셈이다. 또한 이 정지 에너지가 다른 에너지로 전환되지 않는 한 특별히 생각하지 않아도 좋다.

상대성 이론에서 운동물체의 질량을 고려하는 것은 매우 귀찮은 일이므로 이 문제를 논하는 것은 이 장의 마지막에서 하기로 하자. 그러면 에너지가 $E=mc^2$의 질량을 갖는다는 것을 나타낸 아인슈타인의 사고실험에 대해서 설명하자. 다음에 질량이 에너지로 전환된다는 것을 원자핵에 관한 실험에서 보이는 것을 설명하겠다.

에너지의 질량

아인슈타인은 1906년에 에너지의 질량을 직접 측정하는 사고실험에 대해 설명하였다. 빛에너지의 흐름을 W라 하면 그 운동량의 흐름은 W/c이다. 운동량이란 관성의 크기를 나타내는 것으로 가령 빛이 면에 닿아 반사될 때의 압력으로 알 수 있다. 이러한 것은 기체분자가 벽에 압력을 미치는 것과 동일하게 반사될 때에 일어나는

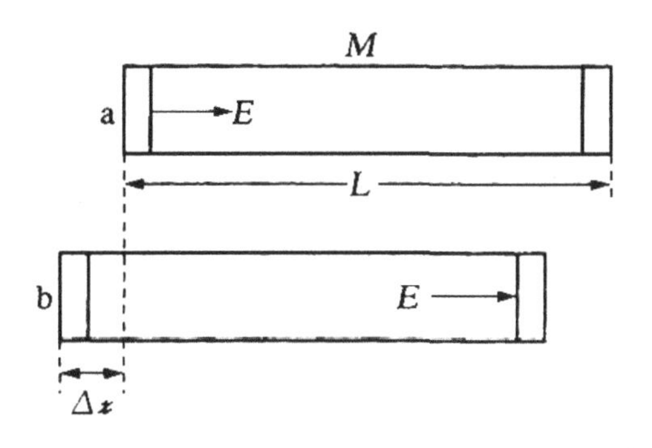

[그림 17] 에너지의 질량을 측정하는 아인슈타인의 사고실험

운동량의 변화에 의해 압력이 생기는 것이다.

아인슈타인은 다음과 같이 생각하였다. [그림 17]에서 보는 바와 같이 길이 L, 질량 M인 밀폐된 관이 있고, 그 좌단에서 에너지 E의 빛이 오른쪽을 향해 발사되어 벽에 부딪혀 흡수된다. 이것은 운동량 E/c를 갖고 있다. 처음에 관이 정지하고 있으면 빛을 발사한 후에도 발사된 빛과 관의 운동량을 합친 전체의 운동량은 0이다. 따라서 빛을 발사한 후에 빛의 운동량과 상쇄되도록 관은 E/Mc의 속도로 반대 방향으로 반동으로 움직이나 전체의 중심은 정지하고 있다. L/c의 시간 후에 빛은 오른쪽에 도달하여 벽에 흡수된다. 그러나 관도 그사이에 왼쪽으로 이동하고 있으므로, 실제로 이 시간은 L/c보다 조금 짧아지나 그 차는 매우 작으므로 무시한다. L/c시간 동안에 관은 EL/Mc^2만큼 움직이고 정지한다. 관의 이동에 의해 그 중심은 EL/Mc^2만큼 왼쪽으로 움직이고 있다.

한편, 왼쪽에서 오른쪽으로 빛과 함께 이동한 에너지의 질량을

m이라 하면 그 에너지에 의한 중심 이동은 오른쪽으로 Lm/M이다. 관의 왼쪽으로의 이동과 에너지의 오른쪽으로의 이동이 상쇄되어 중심이 정지하기 위해서는 $m=E/c^2$이어야만 한다. 이것으로서 에너지에는 질량이 있고 에너지와 질량 사이에는 $E=mc^2$의 관계가 있다는 것을 알았다.

또 한 가지, 에너지와 질량의 관계에 대해서 주목해야 할 것은 그 변화의 계수 c^2은 속도를 1초당 1m로 나타내면 8.9875603×10^{16}이라는 대단히 큰 수가 된다는 것이다. 따라서 1J의 에너지 질량은 1.1×10^{-11}kg이라는 작은 질량밖에 되지 않는 것이다. 따라서 1905년 당시에는 질량이 에너지이며 다른 에너지로 전환한다는 것에 현실적인 의미를 갖게 한다는 것은 곤란하였다. 그러므로 여기에서 설명한 아인슈타인의 사고실험도 질량과 에너지의 관계를 아는 데는 일조를 하였으나, 그것은 어디까지나 사고실험이며 현실적인 것으로 실현하는 것은 불가능한 것이다.

원자핵의 에너지

앞의 두 절에서 에너지가 질량을 갖고 있다는 것을 보여주었다. 그러나 질량이 열, 기타의 에너지로 전환한다는 것을 보여 주지 않으면 질량이 에너지의 한 형태라는 것이 현실적인 의미를 갖지 못한다. 또한 앞 절에서 설명한 아인슈타인의 사고실험으로 에너지가 질량을 갖고 있다는 것을 증명하였지만 보통의 에너지에 대해서는 에너지의 질량은 너무나도 작고 측정하는 것도 사실상 불가능하다.

질량이 에너지로 전환하는 예는 원자핵의 질량에서 볼 수 있다. 원자핵은 양성자와 중성자로 구성되어 있다. 양성자, 중성자, 각 원자핵의 질량은 매우 정밀하게 정해져 있다. 간단히 생각하면 원자핵의 질량은 그것을 구성하는 양성자, 중성자의 질량의 합이 되는 셈이지만 실제의 질량은 이것보다 작다. 양성자와 중성자의 질량을 원자질량단위(1u)로 나타내면 각각 1.007275와 1.008662이다. 1u라는 것은 대체로 양성자의 질량과 같으나 정확하게는 $1.6605655 \times 10^{-27}$kg으로 정의된 질량의 단위이다. 한 예로 중수소 원자핵을 들면 질량은 자유로운 양성자와 중성자 질량의 합보다도 0.002388이 작아져 있다. 이것은 중수소 원자핵의 에너지가 자유로운 양성자와 중성자의 에너지보다도 그만큼 에너지가 작기 때문이다. 이 에너지를 가리켜 결합 에너지라고 한다. 이것은 양성자와 중성자 사이에 강한 인력이 작용하여 양성자와 중성자가 결합하고 있기 때문이다.

양성자와 중성자 수의 여러 가지 조합에 따라 원자핵의 종류가 정해진다. 이 원자핵에 있는 양성자의 수와 중성자의 수를 합한 것을 질량수라고 한다. 양성자와 중성자의 질량은 거의 같다. 양성자의 수는 원자번호이다. 원자핵은 이 질량수와 원자번호로 정해진다. 그러나 천연에 존재하고 있는 원자핵에 대해서는 제한이 있어 한정된 종류밖에 존재하지 않는다. 이런 것을 안정 동위체라고 부른다. 일반적으로 원자핵 질량의 그 원자핵의 양성자와 중성자가 모두 자유로울 때의 전질량과 비교할 때의 부족을 질량 손실이라고 하는데 이것은 그 원자핵의 결합 에너지로 보여진다.

천연에 존재하는 원소에도 완전히 안정하지 않는 것도 약간 존재한다. 이러한 원소의 원자핵은 변화하여 다른 원자핵으로 변화한다. 이런 것이 자연방사성원소이며 다른 원소로 변할 때 방사선을 방출하고 다른 원소가 되는 것을 방사성붕괴라고 한다. 또한 자연방사성원소 이외에 인공방사성 원소도 있다. 이것은 가속기 등으로 원자핵에 양성자, 중성자, α입자 등을 충돌시켜 불안정한 원자핵을 만든 것이며 α입자는 양성자 2개와 중성자 2개로 구성되는 헬륨의 원자핵이다. 인공방사성 원소도 자연방사성원소와 같은 방사성 붕괴를 한다. 방사성원소는 고유의 반감기를 갖고 있다. 이것은 방사성원소의 절반이 방사성 붕괴에 의해 다른 원소로 변화하는 시간이다. 예를 들면 우라늄 238은 45.1억 년, 라듐 226은 1602년, 탄소 14는 5730년이다. 238 등의 숫자는 그 원자핵의 질량수를 가리킨다.

위에서 설명한 질량결손으로 질량이 실제로 운동 에너지로 전환하고 있는 것을 최초로 실험으로 증명한 것은 코크로프트(John Cockcroft, 1897~1967)와 월턴(Ernest Walton, 1903~1995)이며 1932년의 일이었다. 이 실험에서 고전압 발생장치로 양성자를 인공적으로 가속하여 리튬 원자핵에 충돌시켰더니 2개의 α입자가 반대 방향으로 튕겨져 나오는 것이 확인되었다. 이때의 질량 감소에 광속도의 제곱을 곱한 것이 바로 방출된 두 α입자의 운동 에너지와 같다는 것을 나타내었다. 이것은 질량이 다른 에너지로 변환하는 것을 실증하는 것이었다. 핵의 인공변환으로 광자가 방출되는 경우도 있다.

양성자를 중수소의 원자핵과 충돌시켜 반응하는 경우를 생각해 보자. 2개는 결합하여 헬륨 3의 원자핵이 된다. 헬륨 3의 원자핵은 원자질량단위이며 3.0145에서 양성자와 중수소 원자핵의 질량의 합보다 0.058만큼 질량이 작다. 이 질량 감소는 에너지와 질량의 관계 $E=mc^2$에 의해 에너지의 단위를 고치면 5.5MeV(메가전자볼트)가 된다.(1eV는 전자 1개가 1V의 전위차로 가속되었을 때 얻어지는 에너지이다. 약 1.602177×10-9J). 이 경우에는 반응에 있어 전자기파인 γ선이 1개의 광자로 방출된다. 광자의 에너지는 플랑크 상수 h에 빛(이 경우는 γ선)의 진동수를 곱한 것이다. 따라서 0.058의 질량은 1.3×10^{21}의 진동수에 해당한다. 또한 이것은 파장 0.00023nm의 γ선에 해당한다. 이러한 것은 질량이 $E=mc^2$의 관계

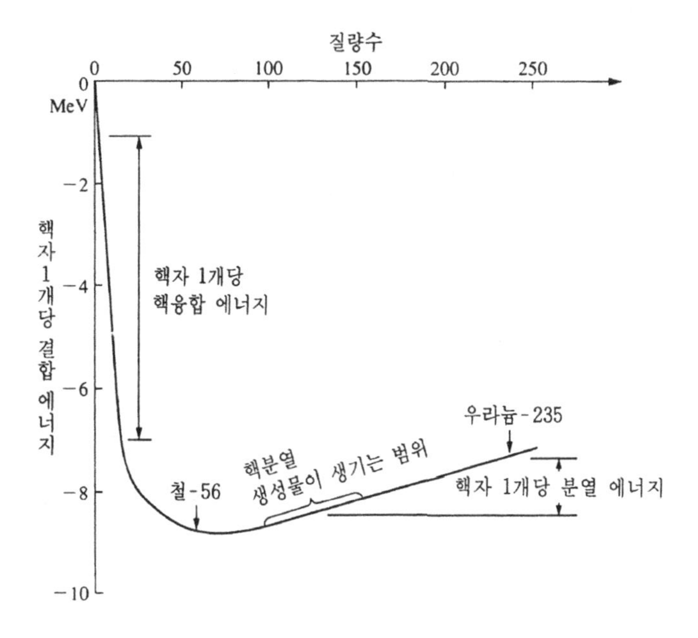

[그림 18] 질량수와 핵자 1개당 결합 에너지의 관계

에 의해 방사 에너지에 변환한 것을 나타낸다.

이 두 보기로 질량은 입자의 운동 에너지에 변환하는 것을 알았으며 질량은 에너지의 한 형태라는 것이 밝혀졌으나, 이러한 사실은 동시에 작은 질량도 에너지로 환산하면 방대한 것이 된다는 것이다. 가령 1g의 질량은 9.0×10^{13}J 인데 이것은 5억 kWh라는 큰 에너지가 된다. 원자핵의 핵자 1개당 결합 에너지를 질량수의 함수로 나타내면 [그림 18]같이 된다. 이 에너지가 낮을수록 결합 에너지는 크다. 원자핵이 커지면 결합 에너지는 커지나 철 56의 원자핵보다 커지면 감소한다. 핵자간의 힘을 핵력이라 하는데 이 힘은 화학 결합력같이 포화성이 있거나 멀리 미치지 못하는 성질이 있어 핵자의 수가 증가하여도 결합 에너지는 별로 증가하지 않는다. 이것에 반해 양성자 간에 작용하는 정전기력은 이러한 제약이 없기 때문에 양자수가 늘어나면 정전기 에너지는 양자수의 제곱에 비례하여 증가한다. 그러므로 결합 에너지는 큰 원자핵에서는 도리어 작아지고, 그러한 원자핵은 불안정하여 α입자 등이 방출되므로 보다 작은 원자핵으로 변환한다.

일반적으로 원자핵의 종류를 핵종이라고 한다. 핵종은 질량수와 원자번호로 정해진다. 질량수는 그 핵에 있는 핵자(양성자, 중성자)의 수이며 원자번호는 양성자 수라고 말할 수 있다.

50년쯤 전에 독일에서 나치가 정권을 잡았을 때, 유대인과 유대사상을 박멸하려고 아인슈타인과 상대성 이론도 말살하려고 했다. 나치의 어용학자 중에는 상대성 이론을 제외시켜버린 사람도 있으나, 그래도 $E=mc^2$의 관계는 독립적인 하나의 원리로서 남겨

두지 않으면 안 되었다고 전해지고 있다.

핵분열과 연쇄반응

1938년에 한(Otto Hahn, 1879~1968)과 슈트라스만(Fritz Strassmann, 1902~1980)은 우라늄의 동위원자인 우라늄 235의 핵에 중성자를 충돌시키면 2개의 핵으로 분열하여 2 또는 3개의 중성자를 방출하는 것을 발견하였다. 이 핵분열의 양상은 일정하지 않으나, 그 하나의 경우로 1개의 중성자가 우라늄 235의 핵에 충돌하였을 때의 란탄 147과 브롬 87로 핵분열하는 것을 들 수 있다. 결합 에너지의 곡선으로 알 수 있듯이 분열 결과 에너지가 작은 상태로 되어, 이 에너지의 차가 란탄과 브롬의 핵과 방출한 중성자의 운동 에너지가 된다. 이때 운동 에너지로 해방된 에너지의 크기를 우라늄 235의 핵질량으로 생긴 중성자와 2개의 핵질량에서 알 수 있다. 이때 해방되는 에너지를 계산하면 212MeV가 된다.

그 밖에 플루토늄 239 등의 원자핵도 핵분열하나 그때 해방되는 에너지는 대체로 비슷하다.

우라늄 235의 핵분열의 또 다른 특징은 연쇄반응을 하는 것이다. 하나의 중성자의 충돌에 의해 핵분열이 일어나면 그때 생긴 2개 또는 3개의 중성자가 또 다른 우라늄 235의 핵과 부딪쳐 핵분열을 일으키고 이것이 반복되어 계속 새로운 핵분열을 일으켜 나가는 것이 연쇄반응이다. 연쇄반응은 1942년에 페르미(Enrico Fermi, 1901~1954)에 의해 발견되었다. 또한 플루토늄 239도 연쇄반응을 한다.

1g의 우라늄 235가 핵분열하면 880억J의 열에너지가 된다. 이것은 약 1000kW를 1일 발생하였을 때의 에너지이다. 그러나 이것은 1g의 우라늄 235에서 1000kW의 전력이 하루 만에 얻어졌다는 말이 아니다. 발전할 때에 증기기관을 사용하면 3장에서 설명했듯이 그 일부만이 일로 전환된다. 증기기관의 효율은 30% 정도이므로 전기 에너지로 얻을 수 있는 것은 300kW 정도이다.

그러나 우라늄에 중성자를 충돌시키는 것만으로 이러한 연쇄반응이 생기는 것은 아니다. 천연 우라늄에는 우라늄 235가 0.72%밖에 함유되어 있지 않다. 나머지는 대부분이 우라늄 238이다. 우라늄 238은 중성자가 충돌해도 분열하지 않고 이것을 흡수해 버린다. 따라서 이 2종의 우라늄을 분리해서 우라늄 235를 농축하지 않으면 연쇄반응을 일으키게 할 수 없다. 이러한 동위원소와 분리는 매우 어려운 공정이다.

우라늄 속에서 우라늄 235가 분열하고 그때 방출되는 중성자가 다른 우라늄 235를 분열시켜 연쇄반응을 진행시키려면 우라늄을 2% 이상으로 농축해야만 한다. 이것에 반해 가령 97%로 농축한 우라늄은 순식간에 연쇄반응이 일어나 다량의 에너지가 해방된다. 오직 이 경우에는 우라늄 덩어리가 어느 크기 이하이면 생성된 중성자가 외부로 도망치므로 연쇄반응은 진행되지 않는다. 이 크기를 임계질량이라 부른다.

이러한 중성자에 의한 핵분열은 중성자가 느릴 때 일어나기 쉽다. 핵분열로 방출되는 고속의 중성자는 핵분열을 일으키기 어려우나, 이것을 수소나 탄소의 원자핵에 충돌시켜 느리게 하면 핵분열을 일으키기 쉽게 되고 농축하지 않은 천연 우라늄대로라도 연쇄반응이 일어난다.

실제로 핵분열과 연쇄반응으로 최초로 다량의 에너지가 방출된 것은 1945년에 미국의 엘라모고도 사막에서 실시한 원자폭탄의 실험이었다. 같은 해에 히로시마와 나가사키에 원자폭탄이 투하되었다. 엘라모고도와 나가사키에서 폭발한 것은 우라늄이 아니고 플루토늄을 사용한 것이었다.

이 핵에너지를 천천히 해방하여 좋은 목적에 이용하는 장치가 원자로이다. 이것은 보통 천연 우라늄이나 저농축 우라늄을 사용하여 중성자를 감속시켜 연쇄반응이 서서히 진행하도록 한 것이다. 감속하는 데는 보통 물, 중수, 흑연 등을 사용한다. 이 밖에 고속 중성자나 고농축 우라늄을 사용하는 원자로도 있다. 핵에너지를 원자력이라고 한다.

핵융합

결합 에너지 곡선을 보면 비교적 질량수가 작은 곳에서는 질량수가 커지는 데 따라 결합 에너지가 커져 있다. 이것은 핵분열과는 반대로 가벼운 핵이 결합하면 질량이 작아져서 그 질량의 차가 에너지가 되어 해방된다는 것이다. 이것을 핵융합이라 부르고 있다. 예를 들어 중수소핵 2개는 융합하여 헬륨 4의 원자핵이 되나 그 질량은 0.0256원자질량 단위만큼 작아져 있다. 따라서 1g 중수소의 핵융합에 의해 해방되는 에너지는 5억 7000만 kJ이며 이것은 6600kw의 동력으로 하루 운전했을 때의 에너지이다.

2개의 원자핵이 존재하고 있는 상태에서 융합하여 1개의 원자핵이 되려면 한 번은 에너지의 높은 벽을 넘어야만 한다. 보통의 화학반응으로 생각하는 것이 알기 쉽다. 수소와 산소의 기체혼합물이 있어도 상온에서는 그대로 존재한다. 수소와 산소가 결합하면 물이 되고 화학적 에너지를 방출하여 열을 발생시킨다. 그러나 화합하는 데는 2개의 수소분자와 1개의 산소분자가 서로 근접하여 높은 에너지 상태가 된 다음에, 그들 분자 속의 원자의 재조합이 이루어져서 2개의 물 분자가 구성되어야 한다. 화합의 과정이 끝나고 2개의 물 분자가 형성되면 에너지의 차가 그 운동 에너지로 된다. 이처럼 화학적 에너지는 열로 전환한다. 이 중간의 에너지에 해당하는 온도가 발화온도이다. 수소와 산소의 혼합기체를 전기불꽃으로 점화하는 것은 분자를 발화온도까지 가져가는 셈이 된다. 일단 일부의 혼합기체가 발화온도가 되어 화합이 일어나고 화학적 에너지를 열로서 방출하면, 그 근처의 혼합기체가 발화온도에 이르고 연속으로 반응이 일어나 혼합기체 전체가 결합하여 물이 생긴다. 일반적으로 발화가 일어나 반응이 진행되는 최저온도를 점화온도라고 한다.

2개의 중수소 원자핵의 경우도 이것과 매우 유사하다. 오로지 핵융합의 경우에는 넘어야 할 에너지의 높이가 화학반응의 경우에 비해 매우 높다. 그 대신 일단 반응이 생겼을 때 해방되는 에너지도 매우 크다. 따라서 화학반응과 마찬가지로 점화온도가 되게 하면 핵융합반응이 생겨나고 그것으로 해방되는 다량의 에너지도 전체가 고온이 되고 핵융합 반응이 진행된다.

중수소의 핵융합 점화온도는 대단히 높아 약 3억K라고 하며 실험하기에는 매우 곤란하다. 이것에 비해 중수소와 트리튬(3중수소)의 핵융합 점화온도는 7000만K이므로 어려움이 어느 정도 적어졌다고 볼 수 있다.

1952년 11월 1일 마셜 제도, 에니웨톡 환초의 롱겔라프 섬에서 지구상 최초의 핵융합이 실시되었다. 이 실험은 폭탄이 아니고 지상에 놓아둔 핵융합 폭발장치였다. 이것은 액화 트리튬과 수소의 핵융합이었다고 추정된다. 히로시마 원폭의 1,000배 정도의 폭발 위력이며 버섯구름이 43,000m의 높이에 이르렀다고 한다. 1954년 3월 1일에는 비키니 섬에서의 실험이 실시되어 제5후크류마루*가 피폭된 것은 잘 알려져 있다. 폭발이 아니고 핵융합을 서서히 일으켜, 해방되는 에너지를 평화적인 목적에 이용하는 시도도 여러 가지로 이루어지고 있으나 아직 성공할 전망은 보이지 않는다. 고온으로 실시하는 핵융합 등을 열핵반응이라고 한다. 최대의 어려움은 7000만℃라는 고온에 어떻게 물질을 밀폐시키는가 하는 문제이다. 이러한 열핵반응이 생길 수 있는 고온의 물질을 넣을 용기는 존재하지 않는다. 어떠한 물질도 이런 고온에서는 기체가 되고 만다. 이런 고원에서는 원자가 전부 전리하여 플라스마의 상태로 되어 있다. 이 경우에 플라스마 속에서는 입자가 전기를 띠고 있는 것을 이

* 일본의 참치잡이 어선. 이 사건으로 인해 선원 23명이 피폭되었고 그 중 1명이 사망했다.

인류 최초의 핵융합 에너지의 해방은 수소폭탄이라는 형태로 실현되었다.
(1952년 마샬 제도에서의 실험, 共同通信)

용하여 자기의 작용으로 밀폐하는 방법을 각국에서 시도하고 있다.

열핵반응은 일반적으로 천체 속에서 일어나고 있다. 이것에 대해서는 8장에서 설명하겠다.

물질의 소멸과 생성

디랙(Paul Dirac, 1902~1984)은 1928년에 상대성 이론에 따르는 전자의 방정식을 유도하였다. 이 방정식에는 4개의 풀이가 있고, 그중

2개의 풀이는 전자의 플러스 스핀과 마이너스 스핀의 상태인 것으로 여겨진다. 나머지 2개는 마이너스 에너지의 상태로 여겨진다. 전자의 정지질량을 m_e라 하면 전자의 에너지는 m_ec^2보다 큰 에너지의 상태에 있다. 또한 디랙의 이론에서 $-m_ec^2$보다 낮은 에너지 상태는 모두 가능하다. 디랙은 세계의 진공은 모두 마이너스 에너지의 전자이며 파울리의 배타원리에서 허용되는 한 채워져 있다고 한다. 이 마이너스 에너지의 전자가 $2m_ec^2$의 에너지를 얻으면 $2m_ec^2$의 에너지를 갖는 보통의 전자가 되지만 그 흔적으로 마이너스 에너지 전자에 빈 구멍이 남는다. 마이너스 에너지의 전자는 공간을 완전히 채우고 있으므로 전혀 검지되지 않으나, 여기에서 생긴 빈 구멍은 전자와 반대 방향으로 움직인다. 그러므로 빈 구멍은 플러스의 전기를 띤 전자 같은 행동을 나타내며 이것을 양전자라고 부른다. 전자는 빈 구멍을 만나면 빈 구멍에 떨어지고 그때 상실한 에너지의 $2m_ec^2$이 γ선의 광자가 되어 나온다. 이것은 전자와 양전자가 만나면 그들은 서로 상쇄되어 입자의 질량에 해당하는 에너지는 광자로 되어 나온다는 것이다. 이 경우는 물질이 소멸하여 γ선으로 변하는 쌍소멸이다. 마찬가지로 γ선의 에너지가 소멸되고 전자와 양전자가 나타나는 쌍생성도 생긴다. 이러한 쌍소멸과 쌍생성으로 질량이 에너지라는 것은 한 층 더 명백해진다. 현재도 이 공간이 마이너스 에너지의 전자로 채워져 있다고는 생각하지 않는다. 전자와 양전자의 쌍이 돌연히 나타나고 또한 소멸한다고 생각하고 있다.

양전자의 존재는 1928년에 디랙이 예언하였으나 1932년에 앤더슨(Carl David Anderson, 1905~1991)이 우주선의 안개상자의 사진 속에 있는 것을 발견하였다. 또한, 그 후 인공방사선원소의 알루미늄 26이 양전자의 β선을 방출한다는 것이 알려졌다.

양전자에 한하지 않고 다른 소립자에도 같은 질량에서 반대 전하(0이어야만)의 반입자가 있다고 여겨지고 있다. 반양자는 1955년에 가속기에 의해 만들어졌다. 질량이 크고, 그것을 만드는 데는 1,876.4MeV(전차에서는 1.021MeV)의 에너지가 필요하다. 양자와 강한 상호작용을 하여 양전자와 마찬가지로 소멸하여 γ선을 방출한다.

뉴트리노

일반적으로 원자핵의 방사성 붕괴에는 α선, β선, γ선이 방출된다. α선은 고속의 헬륨 4의 원자핵의 흐름, β선은 고속의 전자흐름, γ선은 전자기파이다. 또한 양전자가 방출되는 상붕괴도 있다. 이 중 β붕괴에서는 이 방사성 붕괴를 하는 모원소도 이것으로 생긴 자원소도 확정된 에너지값을 갖고 있어 일정 파장이 γ선을 낸다. 그럼에도 불구하고 신입자의 에너지 쪽은 연속으로 분포하고 있다. 개개의 과정에서 에너지 보존의 법칙이 성립된다면 β붕괴로 방출되는 전자도 일정한 에너지를 갖고 있을 텐데 이것만으로는 에너지가 보존되지 않는다. 파울리는 1931년에 β붕괴로는 이 밖에 작은 중성미립자가 동시에 방출된다는 가설을 발표하였다. 이 미립자를 뉴트리노라고 한다. 1934년에 페르미가 이 가설을 완성시켰다. 이때는 뉴트리노의 존재에 대한 간접적인 증거는 있었으나 아직 확증은 없었다. 현재는 그 존재가 직접 확인되어 있다. 뉴트리노에는 2종류가 있다는 것이 발견되었다.

또한 뉴트리노에는 다른 소립자와 동일하게 반입자가 존재한다. 뉴트리노의 스핀은 1/2이다. 일반적으로 핵의 방사성 붕괴에서 반정수 스핀의 입자 1개만이 방출되는 일은 생기지 않는다. β붕괴에서도 스핀 1/2의 전자뿐 아니라 스핀 1/2의 뉴트리노가 이것과 함께 방출된다. 이것도 β붕괴에서는 다른 스핀 1/2의 입자가 방출되고 있는 증거로 여겨지고 있다.

뉴트리노와 다른 입자와의 상호작용은 대단히 약하다. 뉴트리노의 정지질량은 0 또는 거의 0인 것으로 하였으나 최근에는 도리어 정지질량은 0이 아니라고 여겨지고 있다.

운동 물체의 질량과 에너지

이 장의 처음에 설명했듯이, 질량을 여러 가지 에너지의 하나로 할 수 있게 된 것은 상대성 원리의 발견에 의해 20세기에 이르러 처음으로 밝혀졌다. 그것은 질량의 타에너지로의 전환이 가능하다는 것이 광속도에 가까운 물체에서는 속도가 커지면 질량이 변화한다는 것에서 이론적으로 밝혀졌기 때문이다.

물체의 속도를 v, 운동량을 p로 하면 뉴턴역학에서 질량 m은 p/v가 된다. 상대성 이론에서는 입자의 에너지를 E로 하면 광속도에 가까운 경우를 포함하여 질량 m은 E/c^2이 된다. E는 속도가 커지면 증가하므로 질량도 증가한다. 이 관계는

$$E^2=c^2p^2+E_0^2$$

에서 얻을 수 있다. E_0는 상수이다. 또한 $p=vE$이므로

$$E=E_0\sqrt{1-\beta^2},\ \beta=v/c$$

가 얻어진다. 여기서 $m_0=E_0/c^2$으로 하면

$$m=m_0\sqrt{1-\beta^2}$$

이 된다. 정지하고 있을 때 m은 m_0와 같게 되므로

m_0는 물체가 정지하고 있을 때의 질량이며 정지질량이다. 지금까지는 정지하고 있으나, 광속도에 비해 속도가 늦은 물체만을 고려하였으므로 질량을 특히 정지질량과 구별하지 않았다. 또한 E_0는 물체가 정지하고 있을 때의 에너지이며 정지 에너지라고 한다.

이처럼 상대성 이론에서는 운동하고 있는 물체의 질량은 속도 v가 커지면 크게 되고 광속에 가까워지면 질량은 무한대로 된다. 또한 광속도에서는 운동량과 에너지의 관계는 $p=E/c$가 되나, 이것은 4장에서 말한 광자의 운동량과 에너지의 관계에 불과하다. 이러한 고속도로는 에너지를 정지 에너지와 운동 에너지의 2개로 나누고 그것의 합으로서 나타낼 수는 없다. 이것이 가능한 것은 다음에 보이는 것같이 속도가 작은 경우에 한한다.

속도가 광속도에 비해서 작을 때 β는 1에 비해 작고, $1\sqrt{1-\beta^2}≒\beta^2/2$이므로 입자의 에너지는 정지 에너지에 뉴턴 역학의 운동 에너지 $m_0v^2/2$를 더한 것이 된다. 이렇게 해서 $E=mc^2$이라는 관계는 일반적으로 성립되나 속도가 커지면 그것에 수반하여 질량이 커지고 에너지도 커진다.

8

우주와 별의 에너지

우주의 별에서는 핵반응으로 해방되는 에너지가 중요한 역할을 한다. 별이 방출하는 열과 빛은 모두 여러 가지 원자핵의 융합에 의한 것이다. 현재는 이러한 핵반응으로 방출되는 에너지나 점화온도가 알려져 있으므로, 그것을 근거로 하여 수소를 주로 하는 성간가스에서 별로 진화하고 얼마 후 끝을 맺는 과정을 알 수가 있다. 이 장에서는 우선 이러한 별의 일생과 관계되는 문제에 대해서 설명하겠다.

다음에 단일한 별의 진화가 아니고 우주가 빅뱅에서 시작하여 팽창을 계속해 나간다는 것, 앞으로 어떻게 될 것인가 하는 데 관해 논해 보기로 하자.

끝으로 빅뱅 이전에는 어떻게 되어 있었는가를 최근의 소립자론을 기초로 하여 생각해 보자. 이 경우에 에너지라는 측면으로는 진공의 상전위 에너지가 중요한 역할을 한다.

별의 에너지

하늘이 맑은 곳에서 육안으로 볼 수 있는 별의 수는 약 6,000개라 알려져 있다. 태양도 이와 같은 별의 하나인 것은 유명하지만, 태양을 비롯한 별이 방출하는 빛에너지는 도대체 어디서 온 것일까.

고대 신화시대에는 태양의 열과 빛의 기원에 대해서 여러 가지가 생각되었다. 비교적 근대에 이르러 에너지 보존의 법칙이 확립되고 나서, 태양 에너지는 수축에 의해 포텐셜 에너지를 상실하기 때문이라고 생각하였다. 그러나 이것으로는 태양의 수명은 3,000만 년 정도라고 계산되었다. 당시 생물진화론을 제창한 다윈

(Charles Darwin, 1809~1882)은 그것이 생물 진화의 세월에 비해 너무나도 짧아 충격을 받았다고 전해지고 있다.

그러나 금세기 초부터 방사성 원소가 알려지게 되면서 지상의 암석 속에는 이러한 세월에 비해 매우 오래된 것이 있다는 사실을 알게 되었다. 한편 아인슈타인의 상대성 이론에 의해 질량은 에너지의 한 형태라는 것이 밝혀졌다. 1910년대 말에 에딩턴(Sir Arthur Stanley Eddington, 1882~1944)과 러더퍼드 (Ernest Rutherford, 1871~1937)는 태양이 방출하는 복사 에너지의 기원은 질량이 복사로 변하기 때문이란 것을 제창하였다. 또한 에딩턴은 그것은 태양 등의 별 내부에서 수소 원자핵이 핵융합하여 헬륨 원자핵이 될 때 방출되는 에너지로 인한 것이라고 생각했다. 이 에너지는 4개의 수소 원자핵이 1개의 헬륨 원자핵으로 될 때 질량 감소에서 계산할 수 있다. 이것을 태양에 적용하면 100억 년 정도 빛을 계속 방출하게 된다. 그러나 그 당시는 아직 원자핵의 반응에 대해서는 별로 알려져 있지 않았다.

1938년에서 1939년에 걸쳐 베테(Hans Albrecht Bethe, 1906~2005)와 바이츠제커(Carl Friedrich Freiherr von Weizsäcker, 1912~2007)는 양자가 탄소, 질소, 산소의 원자핵에 차례로 충돌하여 1개의 헬륨 4를 생성하는 CNO 순환 반응을 생각하였다. 이것은 실질적 결과로서는 4개의 수소 원자핵, 즉 양성자 p에서 1개의 헬륨 4의 원자핵과 2개의 양전자 e^+와 2개의 뉴트리노 ν_e를 생기게 하는 것이다. e^+는 보통의 전자와 만나면 소멸하여 γ선의 광자로 되고 복사 에너지를 생성한다.

ν_e는 그대로 별의 외부로 방출된다.

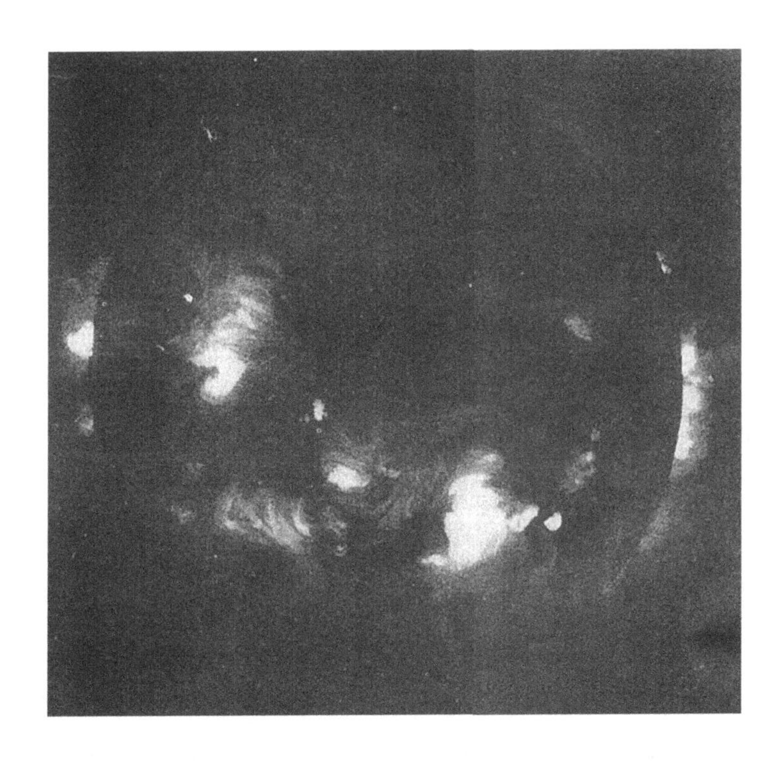

태양관측위성 '요오꼬'가 포착한 태양의 X선 화상(문부성 우주과학연구소 제공, 共同通信)

여기서는 원자핵의 반응이 자주 나오므로 지금부터의 이야기에서는 원자핵은 모두 원소기호의 오른쪽 어깨에 질량수를 나타내기로 하겠다. 예를 들면 철 56의 원자핵은 Fe^{56}, 헬륨 4의 원자핵은 He^{4}로 적는다.

CNO 순환 반응이란 처음에 C^{12}에 p가 충돌하여 γ선을 방출하여 N^{13}이 되고, 이것이 e^{+}와 ν_e를 방출하여 C^{13}이 되고, 이것에 p가 충돌하여 γ선을 방출하여 N^{14}가 되고, 그것에 p가 충돌하여 γ선을 방출하여 O^{15}가 되고, 이것이 e^+와 ν를 방출하여 N^{15}가 되고, p가 충돌하여 He^4와 γ을 방출하고 C^{12}로 되돌아간다. 이것이 CNO 순환 반응이나 N^{15}에 p가 충돌하였을 때에 He^4가 방출되지 않고 O^{16}으로 되는 것이 있다. 이것은 다시 p가 충돌하여 O^{16}, F^{17}, O^{17}이 되고, He^4를 방출하여 N^{14}가 되고 원래의 CNO 순환 반응의 도중에 들어간다. 어느 경우에도 실제 결과는 앞에서 설명한 대로 된다.

별의 에너지원이 되고 있는 또 하나의 핵반응은 pp연쇄 반응이라는 것으로 실제의 결과는 CNO 순환 반응의 경우와 같다. 이것은 p에 p가 충돌하여 e^+와 ν_e를 방출하여 D(중수소 원자핵)가 되고 이것에 p가 충돌하여 He^3이 된다. 여기서 2개의 He^3가 충돌하면 2개의 p와 He^4가 생긴다. 그 밖에 He^3에 He^4가 출동하여 Be^7(베릴륨), Li^7(리튬)으로 되고 p와 충돌하여 2개의 He^4가 생기는 일도 있다. 또한 생성된 Be^7에 p가 충돌하여 B^8(붕소)가 되고 2개의 He^4가 생기는 경우도 있다. 그러나 여기서 γ, e^+, ν_e의 발생에 대해서는 설명을 생략하였다. 실제의 결과는 CNO 순환 반응과 같으므로 에너지의 발생도 같다.

태양 등의 별에너지는 80%는 CNO 순환 반응이나 pp연쇄 반응에 의한 것이다. 이들 별의 질량은 태양질량의 0.2에서 40배에 이르나 태양질량의 2배 이하의 것에서는 pp연쇄반응, 그 이상의 것에서는 CNO 순환 반응이 주체이다. 또한 이들 별의 중심부분의 온도는 1,000만~2,000만K이다.

별의 탄생

별은 우주 공간에 있는 성간물질로 이루어져 있다고 생각되고 있다. 성간물질은 은하계 속에 분포하고 있는데, 그중에서 비교적 밀도가 큰 부분을 성간운(星間雲)이라 부르고 있어 암흑성운 또는 산광성운으로서 관측되는 일이 있다. 암흑성운은 이들의 물질이 별의 빛을 차단하기 때문이며 산광성운은 가까운 별빛을 받아 반짝이고 있는 것이다. 성간 물질은 성간가스와 고체의 성간 먼지로 되어 있다. 성간가스의 70~75%는 수소이며 23~28%가 헬륨, 나머지 2~3%가 기타 원소이다. 헬륨보다도 무거운 원소는 대부분이 지름 0.1μm(미크론) 정도의 성간 먼지로 되어 있다.

이러한 성간운은 태양질량의 1,000배나 된다. 이것이 분열하여 별 정도의 질량이 된 것이 수축하여 원시별이 되는 것도 있다. 여기서 수축하면 단열압축 때문에 온도가 급격히 상승한다. 내부의 온도가 높아지면 빛을 방출하게 되나 주위에 있는 먼지 때문에 멸광(減光)된다. 그러나 빛을 흡수한 먼지는 적외선을 방출하여 적외선 영역에서는 밝게 된다. 이러한 별은 적외선 망원경으로 관측되는 적외선별이다. 적외선별은 이처럼 바로 생겨난 별은 아니지만, 매우 큰 에너지를 방출하고 있는 것으로 알려져 있다. 여기까지 단계의 에너지원은 모두 별의 수축에 의해 상실되는 중력 포텐셜 에너지이다. 핵반응은 아직 시작되지 않았다.

태양질량의 원시별에서는 태양의 1,000배의 밝기가 된다. 그때 중심온도는 10만K, 100만K로 상승하고 1,000만K가 되면 수소와 수소의 핵반응이 시작한다. 이 시기를 하야시 단계(페이즈)라고 부른다. 이것은 발견자 하야시(林忠四郞)의 이름을 딴 것이다. 별이 탄생하여 하야시 단계의 마지막까지는 1,000만 년 정도로 비교적 짧고, 핵반응이 시작하면 별의 밝기는 줄고 정상 상태로 된다. 그 이후는 100억 년 정도 그 상태가 계속된다. 이것은 태양질량의 별인 경우이며 질량이 큰 별일수록 하야시 단계가 짧다.

태양에는 2×10^{29}kg의 수소가 있어 이것이 전부 핵반응을 하여 헬륨이 되면 1.2×10^{44}J의 에너지를 방출한다. 또한 태양이 1초간 복사하는 에너지는 4×10^{26}J이다. 따라서 이 에너지를 계속 복사하여 100억 년 경과하면 이 수소를 전부 써버리는 셈이 된다. 태양은 태어나서 46억 년이 경과한 것으로 여겨지므로 일생의 중반기에 이르러 있는 셈이다.

온도가 1,000만K보다 낮으면 원자핵끼리 충돌하여도 핵반응은 일어나지 않는다. 그것은 2개의 핵이 충돌하여도 핵반응이 일어나기 위한 포텐셜이 장벽을 넘을 수 없어서 단순히 튕겨나가기 때문이다. 온도가 1,000만K 정도 이상이 되면 운동 에너지가 큰 핵의 수가 많아져 포텐셜의 장벽을 통과하여 핵반응을 일으키는 것이 나타난다. 이것도 운동 에너지가 벽을 넘을 정도로 크지는 않고 양자역학적 터널 효과로 통과하는 것이다.

터널 효과라는 것은 보통 전자와 같은 물질입자가 양자역학에서는 파도의 성질을 갖고 있기 때문에 볼 수 있는 것이다. 2개의 영역 간에 장벽이 있을 때 뉴턴역학에서는 입자의 역학적 에너지가 이 장벽의 높이를 넘지 않는 한, 튕겨 되돌려져 다른 영역으로 옮길 수가 없다. 그러나 양자역학의 경우 파도는 역학적 에너지가 장벽의 높이보다 작아도 다른 영역에 침투한다. 그러므로 에너지가 장벽의 높이에 이르지 않은 입자도 통과할 수 있다. 이것은 벽에 터널이 있는 것처럼 보이기 때문에 터널효과라고 한다. 입자가 침투하는 확률은 일반적으로 작으나 입자가 무거울수록, 또한 벽이 두터울수록 작아진다. α붕괴는 원자핵에서 이 터널 효과로 α입자가 방출되는 것이다. 터널 효과는 에사키 다이오드(터널 다이오드) 등 반도체에 관련된 현상에서는 잘 알려져 있다.

별의 수명은 크기에 따라 매우 다르다. 예를 들어 처녀자리의 스피카라는 별은 태양의 1만 배나 빛을 방출하고 있다. 질량은 태양의 10배 정도이다. 그렇다면 수명은 태양의 1,000분의 1, 즉 약 1,000만 년이라는 셈이 된다. 알려져 있는 가장 질량이 큰 별은 태양의 약 40배이며 수명은 약 100만 년이 되는 셈이다. 이러한 별은 지구상에 인류가 생존하고 있는 시대에 생겨난 것이다. 따라서 지금 빛나고 있는 별 중에는 태어나서 겨우 수백만 년밖에 되지 않는 것이 수없이 섞여 있다고 보여진다. 이들 별이 태어난 수백만 년 전에도 역시 이러한 밝은 별은 존재하고 있었다고 여겨진다. 그러한 사실은 별의 탄생은 과거의 일정 시기에 한정되어 있는 것이 아니라 끊임없이 새롭게 생겨나고 일생을 마치는 별이 있다는 것이다.

겉으로 보는 별의 밝기는 거리에 따라 달라진다. 가까이 있으면 어두운 별이라도 밝아 보인다. 일정한 거리, 32.6광년(10pc)에서 보았을 때의 밝기로 고친 것을 절대등급이라 한다. 별의 절대등급을 세로축으로, 표면 온도의 로그를 높은 온도가 좌측에 오도록 가로축에 놓고 이것을 그린 [그림 19]를 생각해 보자. 92%의 별이 이 그림에서는 왼쪽 위에서 오른쪽 아래에 걸친 선 위에 배열되어 있다. 이 띠를 주계열이라 하며 이것에 속하는 별을 주계열성이라 한다. 주계열성 중에 표면 온도가 높고 청백색을 내는 것은 밝고, 표면 온도가 낮고 붉은 것은 어둡다. 주계열성은 수소가 연소하여 헬륨이 되어 에너지를 방출하는 단계에 있는 별이라고 여겨진다. 이 그림을 H-R도라고 하며 20세기 초엽에 헤르츠스프룽(Ejna Hertz-sprung, 1873~1967)과 러셀(Henry Norris Russel, 1877~1957)의 별의 스펙

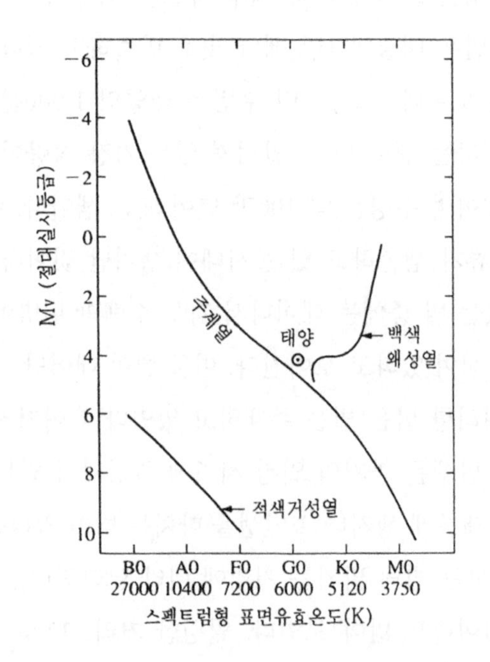

[그림 19] 별의 스펙트럼형과 절대등급과의 관계를 나타낸 H-R도를 간단하게 한 것

트럼형과 절대등급과의 관계를 조사하여 그림으로 나타낸 것이다. 가로축은 표면유효온도 외에 스펙트럼형, 색을 가리키는 지수의 로그 등을 얻을 수 있다.

여기서 수소가 연소하고 있다는 말을 썼는데, 이 천체 내부에서 연소한다든가 탄다든가 하는 것은 산화에 의한 일반적인 연소가 아니고 핵반응을 지칭하는 것이다.

별의 끝

별이 수소를 소비하면 생성된 헬륨이 중심부에 모이고 중력 때문에 수축한다. 그렇게 되면 중력의 포텐셜 에너지가 상실되므로 그것이 열로 되고 중심의 온도는 점차 높아진다. 그 온도가 1억 5,000만K 정도에 이르면 3개의 헬륨 He^4가 반응하여 탄소 C^{12}가 되는 헬륨연소단계가 되고, 동시에 C^{12}와 He^4가 반응하여 O^{16}이 합성된다. 이러한 반응으로 γ선이 방출되지만 이것은 별의 내부에서 흡수되어 열이 된다. 헬륨이 소비되고 나면 다시 중력수축이 진행되어 온도가 5억K 정도가 되어 C^{12}와 C^{12}가 반응하여 Ne^{20}(네온) 등이 되는 탄소연소단계가 된다. 이어서 탄소연소단계 후에 20억K 정도로 되어 네온연소단계가 되어 O^{16}, Mg^{24}(마그네슘)를 생성한다. 다시 25억K 정도가 되면 산소연소단계가 되어 Si^{28}(규소) 등이 생성된다.

그것에 이어서 40억K 정도가 되면 규소와 마그네슘의 연소가 일어난다. 그때 발생하는 p나 α(알파 입자)는 여러 가지 핵에 흡수되어 열평형 상태에 가까워진다. 그때의 주성분은 Ni^{56}(니켈)이지만 그것이 주위의 전자를 흡수하여 철 Fe^{56}이 주성분이 된다.

이러한 핵반응이 연속적으로 일어나면 별의 내부는 중심이 철, 바깥쪽은 수소가 많은 층이 되어 전체적으로 양파모양의 층구조를 이룬다. 그러면 별의 광도나 표면온도 등도 변하여 H-R도 위에서 위치를 바꾼다.

이처럼 별의 진화가 진행되면 중력수축 때문에 별의 지름과 표면적은 작아진다. 밖으로 방출되는 에너지는 작아지고 별의 표면온도는 높아져 흰빛을 내며 H-R도에서는 왼쪽 아래로 오고 표면적이 작으므로 어둡다. 이러한 별은 백색왜성으로 관찰되는 것으로 보여진다. 이런 것들은 표면온도가 1만K 정도 이상이며 그 밀도는 10^4~10^9g/cm³에 이르고 있다. 백색왜성의 실제 크기는 지구 정도이다. 이러한 별은 수없이 알려져 있으나 처음으로 알려진 것은 시리우스의 동반성이다. 이러한 별에서는 그 전자가 페르미 가스로 되어 있다. 페르미 가스라는 것은 전자와 같이 맥스웰-볼츠만의 통계에 따르지 않고 페르미-디랙의 통계에 따르는 입자로 된 기체를 말한다. 이 기체에서 입자는 가장 낮은 상태부터 차례로 채워져 있다. 온도가 높아지거나 밀도가 감소하면 맥스웰-볼츠만 통계와의 차이가 없어진다. 금속 중의 전자는 페르미 가스로 보여진다. 또한 온도가 낮고, 밀도가 높고, 페르미 가스의 상태에 이른 것은 축퇴(縮退)하고 있다고 한다. 백색왜성은 온도는 낮지 않으나 밀도가 매우 크고 전자는 축퇴하고 있다.

백색왜성은 내부의 열에너지를 빛으로써 밖으로 방출하고 있으므로 차차 냉각하여 표면온도가 낮아지고, 색은 황색에서 적색이 되고, 마지막에는 절대영도까지 냉각되어 암흑왜성이 된다. 그러나 그래도 전자 가스는 축퇴하고 있어 절대영도가 되어도 일정한 압력이 있어 별이 중력 때문에 그 이상 붕괴되는 것을 방지하고 있다.

모든 별이 최후에 백색왜성이 되는 것은 아니다. 백색왜성이 되는 별은 찬드라세카르 한계 이하의 질량이어야만 한다. 이것은 태양질량의 1.4배이다. 그것보다 큰 별에서는 수소가 다 타버리게 될 정도에 이르면 방대한 대기층에 둘러싸인다. 그 질량의 상당한 부분은 고밀도의 중심핵에 모인다. 그 밀도는 백색왜성과 같이 10^4~10^9g/cm³이며 그 반지름은 10^4km 정도이다. 그것을 둘러싸는 대기의 평균밀도는 10^7g/cm³로 매우 작으나, 별의 반지름은 태양의 수백 배에 이르며 지구의 궤도와 같은 정도이다. 이러한 별의 표면 온도는 낮고, 붉게 빛나고 있으므로 적색거성이라 한다. H-R도에서는 주계열에 떨어져 오른쪽 위에 있다. 전갈자리의 α성 안타레스가 그 보기이다.

적색거성은 진화가 진행하면 중심핵은 수축하고 바깥쪽의 대기는 부풀어간다. 태양질량의 4배 이하의 별에서는 중심핵은 탄소와 산소로 이루어져 있어 바깥쪽 대기가스는 별의 인력이 별로 미치지 않은 곳까지 넓어져 바깥층이 유출되어 대체로 중심핵만으로 되고 만다. 이것은 고온의 백색 왜성이지만 차차 냉각하여 보통의 백색왜성이 된다. 이러한 가스의 유출에 의해 찬드라세카르 한계보다 큰 별도 백색왜성이 되는 것이 가능하다.

초신성 폭발

질량이 태양질량의 4배 이상인 별은 백색왜성이 되지 않고 초신성 폭발을 일으킨다. 이것은 지금까지 보이지 않았던 별이 태양의 1억 배 정도의 밝기로 되었다가 얼마 후에 어둡게 되는 것이다. 1572년에 브라헤(Tyge Ottese Brahe, 1546~1601)가 관측한 티코의 신성과 1604년에 케플러(Johannes Kepler, 1571~1630)가 관측한 케플러의 신성

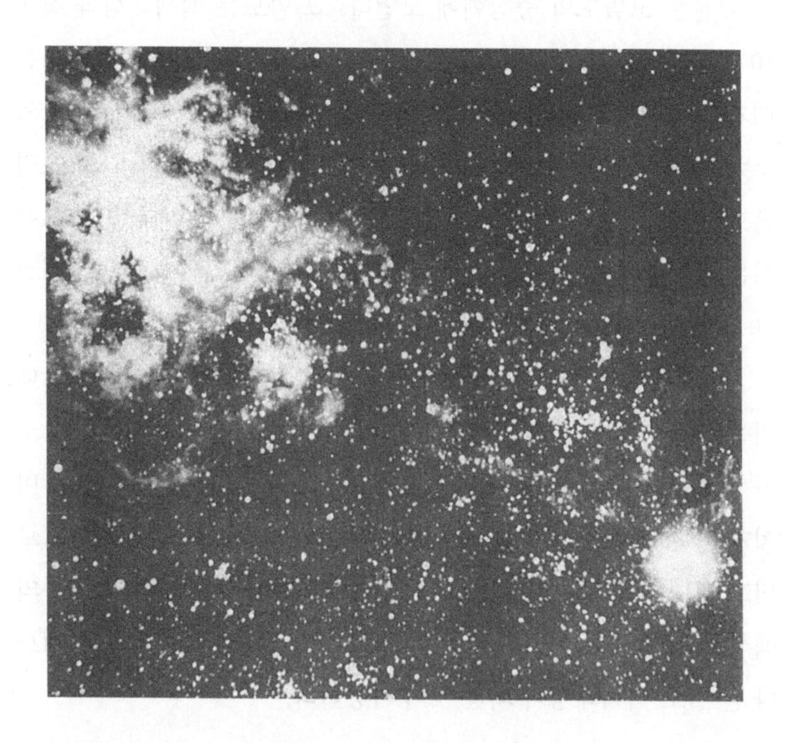

1987년 대마젤란성운에 출현한 초신성 1987A(사진 오른쪽 아래. 앵글로-오스트레일리안 천문대 촬영)

은 유명하다. 그 후 은하계 중에는 이러한 초신성이 관측되지 않았다. 그러나 다른 은하에서는 때때로 이러한 초신성이 관측된다. 초신성은 대단히 광도가 크므로 다른 은하에서 생긴 초신성 폭발을 관측할 수 있다. 최근에는 1987년에 대마젤란 성운에서 이러한 초신성 폭발이 관측되었다.

진화한 별의 내부에는 철의 중심핵이 있으나 그것은 탄생했을 때의 질량이 태양질량의 12배 정도보다 큰 경우이다. Fe^{56}은 모든 원자핵 중에서 에너지가 가장 낮은 상태이므로 이것에서 더 에너지를 취할 수는 없다. 그러나 철로 이루어진 중심핵은 여기에서 열에너지가 유출되면 중력수축을 일으켜 밀도가 높아지는 것과 동시에 온도가 오른다. 바꾸어 말하면 열이 밖으로 나오면 나올수록 온도가 상승한다. 이것은 철의 중심핵이 열역학적으로 불안정하다는 것을 뜻한다.

그러나 중심부의 온도가 50억K를 초과하면 철은 그 온도로서 존재하고 있는 γ선의 광자를 흡수하여 13개의 헬륨핵과 4개의 중성자로 분해한다. 이것이 0.1초 정도라는 짧은 시간에 생겨나고, 중심핵은 열에너지를 잃고, 자체 무게를 지탱할 수 없어 급격하게 압축된다. 이 압축에 의해 밀도가 $10^{15}g/cm^3$가 되어 원자핵의 심끼리 붙는 것처럼 되면 수축은 폭발로 전환한다. 이와 같은 것을 철의 광분해형 초신성이라 부른다. II형 초신성이라 부르는 것에 대응하는 것이라 보여진다.

이것과는 달리 I형 초신성이라 부르는 것은 다음과 같이 해석되고 있다. 탄생할 당시의 질량이 태양질량의 8~12배의 별에서는 탄소연소 후에 탄소, 네온, 마그네슘의 중심핵이 있다. 중심밀도가 $3\times10^9 g/cm^3$를 넘으면 마그네슘이나 네온이 전자를 흡수하기 시작한다. 이 전자 포획으로 중심핵의 수축이 시작된다. 그러는 사이에 산소의 연소가 시작되지만 그 에너지만으로는 수축을 멈추게 할 수는 없다. 그후 원자핵의 심끼리 붙어 버리면 수축은 폭발로 전환된다.

탄생하였을 때의 별의 질량이 태양질량의 3~8배인 별의 경우에는 탄소 중심핵이 생긴 단계에서 초신성 폭발이 일어난다. 이러한 별의 중심핵 질량은 찬드라세카르 한계보다는 약간 작고 내부에서는 전자가 축퇴하고 있다. 이때 탄소연소가 시작하면 폭발하여 별은 가루가 되어 날아가 버리고 만다. 이것은 탄소연소형 초신성이라 부른다.

초신성 폭발 후에는 고밀도의 별이 남는다. 백색왜성의 크기는 지구 정도이나 여기에 남은 고밀도 별의 반지름은 10㎞ 정도이다. 이것은 매우 고밀도이므로 전자는 양성자에 흡수되어 대부분의 양성자는 중성자로 되어 있기 때문에 중성자별이라 부른다.

중성자별은 펄서로 관측되었다. 이것은 1967년에 발견된 짧은 주기의 전파 펄스를 방출하는 천체이며 현재 300개 가량이 알려져 있다. 게성운의 중심별도 0.033초의 주기로 전파를 방출하고 있다. 게성운은 1054년에 나타난 초신성의 잔해이다. 그것은 강한 자장을 갖고 있는 중성자별이 고속으로 회전하고 있기 때문에 전파를 방출하는 것으로 생각된다. 또한 중성자별은 X선별로서 관측되는 일도 있다.

지금까지 설명한 것은 태양과 같은 단독별의 경우였으나 이것은 별의 32%에 불과하다. 52%는 시리우스 같은 쌍성이다. 쌍성이란 것은 2개의 별이 공통 중심의 둘레를 서로 회전하고 있는 것이다. 그 밖에 3개 이상의 별이 공통 중심의 둘레를 회전하는 다중 쌍성도 있다. 다중 쌍성 등의 경우는 별이 서로 영향을 주고 있으므로 그 진화는 복잡하다. 예를 들면 일단 어두워진 백색왜성이 다시 빛을 방출하게 되는 일도 있다.

초신성 폭발 후에 남은 중심핵이 무거울 때는 중성자별이 되어도 수축이 멈추지 않는다. 질량은 태양질량의 2배 정도로 생각된다. 이러한 경우에는 수축하여 밀도가 10^{15}g/㎤ 정도가 되면 중력의 포텐셜 에너지가 정지질량의 에너지에 비교하여 무시할 수 없게 된다. 그렇게 되면 일반 상대성 이론에서 공간의 휨은 이 중력 효과를 크게하고, 이것에 대항하여 압축을 멈추려고 하는 압력의 에너지 효과를 상쇄해도 남게 된다. 이처럼 중심핵이 어느 정도 이상 압축되면 멈출 바를 모르고 수축이 진행되어 블랙홀이 형성된다.

블랙홀에는 빛조차 빨려 들어가므로 볼 수가 없다. 그러나 블랙홀은 보이지 않는 중력의 원천이 되고, 중력 에너지 방출로의 전환, 물질의 흡수구가 되는 등의 우주 현상을 일으킬 가능성이 있다.

빅뱅 우주와 우주 흑체복사

우주공간은 모든 방향에서 등방적으로 오는 복사로 충만 되어 있다. 오직 이 복사는 빛이 아니고 파장이 7㎝~0.04㎜ 정도의 마이크로파이다. 이 마이크로파 배경 복사는 1964년 펜지어스(Arno Penzias, 1933~)와 윌슨(Robert Wilson, 1936~)이 발견한 것인데, 파장 7㎝의 것에 대해서는 이 복사에 플랑크의 복사식을 적용하여 계산하면 온도 3.2K의 복사강도와 일치하였다. 플랑크의 복사식은 높은 온도에서 절대영도에 가까운 낮은 온도까지 일관해서 적용할 수 있다. 이 때문에 이 배경복사를 3K복사라고도 한다. 그 후 다른 파장의 마이크로파에 대해서도 같은 측정이 이루어져 2.7K의 온도에 해당하는 흑체복사의 스펙트럼을 갖는 것이 확인되었다. 이 강도는 2.7K보다 2.9K에 가깝고 또한 플랑크 분포로부터도 약간 이탈되어 있다고도 말하나 이것에 대해서는 확실한 것을 모르고 있다.

이 3K복사, 즉 우주흑체복사의 기원은 빅뱅 우주에 의해 설명하는 것이 가장 자연스럽다. 빅뱅 우주라는 것은 현재의 우주가 과거에는 고온 고밀도였다고 생각하는 팽창우주론이다. 빅뱅이란 것은 그 초기에 대폭발이 있었다는 것을 의미한다. 우주창성에 대해서는 처음부터 10^{-44} 초의 곳까지 소급할 수 있다고 생각된다. 이때의 우주 반지름은 10^{-5}m였다. 우주는 창성 시부터 3분 만에 거의 현재의 모습으로 되었다고 생각된다. 또한 17분에 반지름은 1,000광년으로 되어 있다. 우주는 폐쇄되어 있지 않고 경계가 없으므로 반지름이란 폐쇄된 우주의 곡률 반지름이다.

우주의 진화

현재의 소립자론과 원자핵 이론을 기초로 하여 빅뱅에서 현재의 우주생성까지의 경과를 더듬어 보자. 이것은 거의 와인버그의 책에 있는 것을 따르고 있다.

처음부터 1,000분의 1초가 경과하였을 때 우주의 온도는 1,000억K까지 내려가 있었다. 이 온도로는 입자와 복사는 분화하지 않고 물질의 입자와 복사의 입자인 광자와 끊임없이 빈번하게 충돌하고 있었다. 우주에 다량으로 존재하는 입자는 광자, 전자, 양전자, 뉴트리노와 그 반입자인 반뉴트리노였다. 또한 밀도가 대단히 크기 때문에 뉴트리노도 빈번히 충돌하고 있어 급격하게 팽창하고 있음에도 불구하고 이들 입자는 강하게 상호작용을 하고 있어 전체로서는 열평형을 이루고 있었다. 또한 이런 상태에서는 전자와 양전자는 같은 수가 있었다고 생각된다. 양성자와 중성자의 핵자는 광자수의 약 10억분의 1만큼 존재하고 있으나 이런 것들은 전자, 양전자 등과 계속 충돌하여 양성자에서 중성자로의, 혹은 그 반대의 전이를 하고 있었다. 이 상태의 우주 밀도는 1㎤당 280만kg으로 계산된다. 이것은 1,000억K의 온도에서 전자 복사의 밀도를 슈테판-볼츠만의 법칙에서 계산하여 전자나 뉴트리노의 에너지를 가해서 9/2배한 것이다. 또한 이때의 우주의 크기는 약 4광년이 된다. 이 크기란 것은 우주의 곡률반지름이다. 우주는 폐쇄되어 있어 어디에도 경계가 없으나 이 곡률반지름에 해당하는 길이만큼 곧게 뻗었다고 생각하면 원래의 장소에 되돌아온다. 경계가 없는 우주의 팽창이란 것은 이런 의미에서 크기가 늘어나는 일이다.

시간은 최초부터 0.11초를 경과하였다. 우주는 아직 열평형에 있다. 그러나 온도가 낮아졌기 때문에 중성자와 양자 수의 균형이

깨져 보다 무거운 중성자가 양성자로 전이하는 것이 양성자가 중성자로 전이하는 것보다 쉽기 때문에, 이 균형은 중성자 38%, 양성자 62%가 된다. 에너지 밀도는 온도의 4제곱에 비례하여 낮아져 1cm³당 3,000kg이 된다.

최초로부터의 시간이 1.09초 경과하였을 때 밀도는 더욱 감소하고 온도는 100K로 내려간다. 밀도와 온도의 저하 때문에 뉴트리노와 반뉴트리노는 전자나 양전자 등과 거의 충돌하는 일 없이 운동할 수 있게 되기 위해 자유입자와 같게 되어 전자, 양전자, 광자와는 에너지 교환을 하지 않고 열평형으로 없어진다.

전에너지 밀도는 온도의 비의 4제곱만이 작아지고 1㎤ 당 380kg이다. 온도가 내려갔기 때문에 양성자와 중성자의 균형은 중성자 24%, 양성자 76%로 차이가 생긴다.

최초로부터 13.82초 경과하였을 때 온도는 3억K가 된다. 이 온도로는 양전자는 쌍소멸에 의해 γ선을 방출하기 때문에 우주의 냉각은 늦어진다. 따라서 우주의 밀도는 온도의 4제곱에 비례할 정도로 감소하지 않는다. 또한 이 온도로는 헬륨 4의 핵이 형성될 것이지만 실제는 양성자와 중성자의 두 입자로 형성되는 중수소핵이 형성되고, 그것에 1개의 양성자나 1개의 중성자가 가해져 헬륨3 또는 트리튬핵이 형성되려면 중수소핵이 안전한 온도까지 내려가야 한다. 이 온도로는 균형은 중성자 14%와 양성자 86%이다.

온도가 더욱 내려가 9억K가 되면 앞에서 말한 무거운 핵이나 헬륨 4의 핵이 형성된다. 이렇게 해서 원자핵의 합성이 시작하기까지 최초에서 3분 46초가 경과하고 있다. 이때의 균형은 중성자

13%, 양성자 78%로 되어 있다. 이때는 핵자의 수가 5 이상인 무거운 핵은 아직 형성되어 있지 않다.

우주는 더욱 계속 팽창하여 34분 40초 경과했을 때에 온도는 3억K가 되어 있다. 양전자는 거의 전자와 완전히 쌍소멸하여 있다. 이 소멸로 해방된 에너지가 우주의 광자 에너지에 더해져 있다. 뉴트리노와 반뉴트리노의 에너지는 우주 에너지 밀도의 31%, 광자 에너지의 밀도는 69%를 점하고 있다. 뉴트리노의 온도는 언제나 광자 온도의 71.38%이다. 이것은 광자 에너지에는 전자와 양전자의 쌍소멸로 생긴 γ선의 에너지가 더해지기 때문이다. 이 단계에서 어느 쪽의 에너지도 동결되어 있으므로 우주가 팽창하면 그것에 따라 온도가 내려가, 현재의 우주에서는 광자의 온도는 3K 배경복사로 되고 이것에 해당하는 뉴트리노 온도는 2K이다. 이 3K복사가 빅뱅 우주의 가장 설득력이 있는 근거로 여겨지는 것이다. 또한 3K복사는 우주가 공간적으로 동일하다는 우주원리의 관측적 근거이다.

우주의 온도가 6,000K 이상이면 수소는 양자와 전자로 분해되어 있어 플라스마의 상태로 되어 있다. 빛은 전자에 의해 산란되어 곧게 진행할 수 없으므로 우주는 불투명하다. 우주창성에서 10만 년 후에는 온도가 6,000K 이하가 되어 양성자와 전자가 결합하여 우주는 투명해진다. 이것을 우주의 '개인 날'이라 한다. 70만 년 후가 되면 온도는 충분히 내려가 전자와 핵은 안정한 원자를 형성하고 물질은 별과 은하를 형성하게 되었다.

먼 성운으로부터의 스펙트럼선은 긴 파장 쪽으로 스쳐져 있다. 이것이 적색이동(赤色偏移)이다. 1912년 허블(Edwin Hubble, 1889~1953)은 이 적색이동이 도플러 효과에 의한 것으로 해석하고 성운까지의 거리를 측정하여 후퇴속도 V와 거리 γ사이에 $v=H_0^r$이라는 관계가 있는 것을 발견하였다. 이 식은 허블의 팽창법칙, 비례상수 H_0는 허블상수라고 한다. 당시는 H_0의 값은 540㎞/Mpc로 하였다. Mpc는 메가파섹이며 1pc은 3.26광년이다. 그러나 현재 이 값은 50과 100 사이로 하고 있다.

여기서 우주의 팽창이 이대로 계속되면 미래는 어떻게 될 것인가. 이것에 대해서는 두 가지 경우를 생각할 수 있다. 하나는 언제까지나 팽창을 계속하는 경우이고, 다른 하나는 어느 곳에서 팽창이 멈추고 그곳에서 수축으로 전환하는 경우이다. 이 두 가지 경우는 지구 표면에서 쏘아 올리는 로켓의 운동과 비교하면 잘 알 수 있다. 로켓의 처음 속도가 탈출 속도보다 크면 지구의 인력 때문에 감속은 되나 결국 지구의 인력권에서 벗어나 무한한 공간으로 탈출한다. 탈출 속도에 이르러 있지 않을 때는 어떤 높이에서 속도는 0이 되고 거기에서 하강으로 전환한다.

팽창 우주의 경우에 하나의 은하를 생각하고 우리들을 중심으로 하여 이것을 통과하는 구면을 고려한다. 여기서 우주원리를 적용하면 우주 속의 어느 점에서 생각해도 같은 것을 말할 수 있을 것이다. 또한 방향에는 따르지 않고 구대칭(球對稱)이다. 이 은하에 인력을 미치는 것은 구면의 내부에 있는 물질의 중력을 더한 것으로 뉴턴 역학에 의하면 그 전질량이 중심에 있다고 했을 경우의 중력과 같다. 이 구의 반지름을 R, 우주의 밀도를 ρ, 뉴턴의 중력상수를 G로 하면 질량 m의 은하에서 포텐셜 에너지는 $-4\pi nR^2\rho G/3$이다. 이 은하의 속도는 허블의 법칙에 의해 상상이 되므로 그 은하의 운동 에너지는 $mH^2R^2/2$이다. 여기서 밀도가 $3H^2 8\pi G$로 정의되는 ρ_c보다 작으면 은하의 포텐셜 에너지와 운동 에너지를 더한 전에너지는 항상 플러스가 되고 그 은하는 언제까지나 밖을 향해 운동한다. 이것은 로켓의 속도가 탈출 속도보다도 큰 경우에 해당되며 우주는 팽창을 계속한다. 밀도가 임계치 ρ_c보다도 작고 전에너지가 마이너스일 때는 성운의 속도가 점차로 감소하여 0이 되는데, 이 시점에서 반대 방향으로 운동하여 우주는 팽창에서 수축으로 전환한다. 이런 사실로서 밀도가 임계선보다 작은가 큰가에 따라 우주는 언제까지나 팽창을 계속하는 열린 공간이 되는가, 언젠가는 수축으로 전환하는 폐쇄된 공간이 되는가가 결정된다.

여기까지는 뉴턴 역학으로 생각하였으나 우주 속의 복사 등 전에너지 밀도를 c^2으로 나눈 것을 질량밀도로 하면 상대론적으로 된다. 그러나 현재로서는 이렇게 생각한 우주의 질량밀도는 임계치보다 작은 것 같다. 이 밀도는 관측되는 별, 성간물질, 복사, 뉴트리노 외에 블랙홀이나 보이지 않는 흑색왜성의 질량도 고려하여야만 한다. 최근의 관측천문학에서 얻은 결과에 의해서도 밀도 ρ는 ρ_c보다 작은 것 같다. 따라서 우주는 앞으로도 멈추는 일 없이 팽창을 계속할 것이다.

그러나 이 ρ_c의 값을 정하는 데도 정확하지 않은 요소는 매우 크다. 최근 지금까지는 정지질량이 0이라 했던 뉴트리노의 질량이 0이 아닌 것 같다고 하고 있는데 그렇다면 우주에 있는 다량의 뉴트리노의 질량이 이 결론에 영향을 미친다. 허블 상수는 확실하게 정하지 못한다. 그 까닭은 먼 은하까지의 거리가 불확실하기 때문이다. 현재는 은하의 실제 밝기가 모두 같다고 하여 그 외견상의 밝기로 거리를 정하고 있으나 이것이 매우 정확하지 않다는 것이 명백하다.

이처럼 우주가 지금처럼 팽창을 계속하면 그 부피는 계속 커져 우주의 배경복사온도는 그것에 반비례하여 낮아진다. 현재의 은하는 모두 그런 진화를 계속한다. 별은 큰 것은 블랙홀이 되고, 작은 것은 백색왜성, 중성자별이 되고, 마지막에는 암흑왜성이 된다.

우주의 밀도가 임계치보다 크면 팽창에서 수축으로 전환하나, 이때 우주는 팽창할 때와 같은 일을 반대 순서로 밟게 된다. 원래 팽창의 과정이 비가역현상이므로 역방향의 현상이 바로 생길 수는 없다. 우주의 수축에 수반하여 배경복사의 온도가 높아지면 이것보다 온도가 낮은 암흑왜성의 온도가 높아지고, 점차로 '액화'하여 핵반응을 일으키게 된다. 수축이 더욱 진행하면 1,000억K가 되어 빅뱅은 초기 단계와 같이 물질과 복사가 분화하지 않는 열평형상태로 되돌아간다. 그러나 전과 같은 상태는 아니다. 적어도 블랙홀에 둘러싸인 물질이나 복사는 생겨나지 않을 것이다.

수축이 더욱더 진행되어 온도가 상승하면 최후는 어떻게 될까? 이것에 대해서는 여러 가지 설이 있으나 전혀 모른다고 하는 것이 좋을지 모르겠다. 이것은 우주의 최초가 어떠하였는가를 전혀 모르고 있는 것과 관계있는 것 같이 보인다.

빅뱅 이전의 우주

빅뱅은 불덩어리 상태에서 팽창하는 것이다. 그러나 우주는 그 이전에는 도대체 어떻게 되어 있었을까? 여기에서 생각할 것은 그 문제이다. 물론 이 책은 우주론의 책이 아니므로 에너지라는 입장에서 몇 가지 문제를 다루겠으나, 그렇다고 해도 될 수 있는 한 이야기의 줄거리는 알 수 있도록 설명해 보겠다.

소립자 사이에서 작용하는 힘은 네 가지가 있다고 한다. 그 첫째가 '중력'이다. 이것은 어떤 것 사이에서도 작용하는 것이므로 만유인력이라고도 부른다. 다음은 '전자기력'이 있다. 그 다음이 양자나 중성자 사이에서 작용하여 이들을 결합시키는 '강한 힘'이며 이 힘에 의한 에너지가 핵에너지이다. 이 3개의 힘은 비교적 우리들의 일상체험과 익숙하나 제4의 힘은 '약한 힘'이라고 하는 것으로 β붕괴로 중성자가 양성자로 될 때 작용하는 힘이다.

물리학에서의 목표 중 하나는 이러한 힘들을 통일하는 이론을 형성하는 것이었다. 아인슈타인은 중력과 전자기력을 통일하는 통일장이론을 수립하려고 노력하였으나 성공하지 못했다.

현재의 소립자론에 의하면 원래 우주에는 최초에 오직 하나의 힘밖에 존재하지 않았으나, 우주가 시작하여 10^{-44}초에서 온도가 10^{32}K가 되었을 때 중력이 이 하나의 힘에서 갈라졌다고 한다. 다시 10^{-36}초가 되어 온도가 10^{28}K가 되고 강한 힘이 분기한다. 사실 이때에는 양자나 중성자 등의 하드론은 구성되어 있지 않고 아직 쿼크로 나누어져 있어, 그 사이의 힘도 강한 힘이 아니고 '색의 힘'이다. 쿼크가 하드론이 되는 시간은 1만분의 1초 정도이다. 10^{-11}초가 되면 온도는 10^{15}K로 되고 전자기력이 갈라진다. 이때에는 우주의 크기는 10^{11}m가 되어 있다. 이것은 태양에서 지구까지의 거리 정도이다. 1,000분의 1초부터의 빅뱅의 시나리오는 앞에서 이야기하였다. 이러한 것은 상상이나 착상이 아니고, '자발적 대칭성의 파괴를 수반하는 게이지 이론'이라는 새로운 이론에 의한 것이다. 이러한 소립자론에 기초한 이론을 소립자론적 우주론이라 하여 최근 10년 사이에 발달한 것이다.

앞에서 '상전이'라는 것을 말하였다. 그 하나의 예는 물이 얼음으로 되는 상전이이다. 이러한 상전이에서는 융해열을 낸다. 이처럼 상전이가 일어나면 다량의 열이 방출된다. 여기서 상전이가 매우 저온에서 일어날 때는 전이열 속에서 엔트로피의 영향은 무시되며 이것을 전이 에너지라고 생각해도 좋다. 니오븀(Nb)이라는 금속 등은 심하게 저온으로 하면 상전도 상태에서 초전도 상태로 변한다. 상전도 상태라는 것은 급속의 보통 상태이고 초전도 상태라는 것은 전기 저항이 0인 상태이다. 그 각각을 상으로 간주할 수 있으나 이 경우에도 전이에 수반하여 전이 에너지를 방출한다.

이것에 반해 새로운 이론에서는 공간에 에너지를 부여함으로써 상전이를 하는 것도 고려하였다. 이러한 상전이를 진공의 상전이라고 한다. 진공은 원래가 아무것도 없는 빈 용기로 생각했던 것이었으나, 상대성이론에서는 공간도 시간도 물리학의 대상으로 다룬다. 그 공간의 상전이는 상상도 할 수 없을 정도의 초고온에서 생긴다.

와인버그(Steven Weinberg, 1933~2021)와 살람(Muhammad Abdus Salam, 1926~1996)은 전자기력과 약한 힘을 상전도와 초전도의 전이와 같게 통일하는 이론을 발표하였다. 또한 강한 힘도 포함한 '대통일 이론'이 완성에 가까워지고 있다. 나아가서 중력을 포함한 이론은 다음 단계에서 고려되고 있다.

진공의 상전이가 생기면 공간의 성질이 변하고 힘의 분기가 일어난다. 물론 힘의 분기도 한 방법이 아니므로 상전이도 1번만이 아니다. 진공의 상전이가 생기면 2개 상의 에너지차가 전이열이 되어 방출된다. 우주가 탄생했을 때의 크기는 소립자보다 작으나 큰 진공 에너지 때문에 팽창한다. 이 팽창으로 온도는 내려가나 어느 시점에서 상전이가 일어나 막대한 전이열이 해방되어 우주는 갑자기 뜨거워진다. 이 팽창을 '인플레이션'이라고 말한다. 이러한 팽창은 상전이가 생기기 바로 전에 시작한다. 예를 들면 대통일 이론이 예언하고 있는 상전이에서는 10^{100}배로 팽창한다. 또한 그 팽창은 10^{-36}초부터 10^{-34}초 사이에 일어난다. 이 인플레이션의 발상에 의해 빅뱅 이론의 다른 문제도 해결된다.

진공 에너지는 아인슈타인의 일반상대성이론의 우주항과 같은 것으로 볼 수 있다. 일반상대성 이론의 공간의 변화를 물질의 밀도에서 결정하는 아인슈타인 방정식을 우주에 적용하려면 여기에 우주항이라는 것이 더해진다. 아인슈타인 자신은 이 우주항의 도입은 실패라고 여겼으나 이것은 우주의 시작을 생각할 때는 중요하다는 것이 알려지게 되었다. 이 우주항은 진공의 에너지와 전적으로 같은 역할을 하고 있다. 이러한 생각으로는 에너지는 언제든지 보유된다고 한다.

우주의 시작

그러나 문제가 이것으로 해결된 것은 아니다. 결국 바로 생겨난 그 때의 우주는 10^{-36}m 정도로 생각되고 있었으나 이것이 무엇에서 창성되었을까 하는 문제에 귀착된다. 이 문제는 최근 수년간 빌렌킨(Alexander Vilenkin, 1949~), 호킹(Stepehn Hawking, 1942~2018) 등에 의해 연구되어 매우 흥미로운 결과도 나타났다. 지금까지 설명한 소립자론적 우주론에 기초한 이론은 어느 정도 확립된 것이라고 말할 수 있는 데 반해, 이러한 이론은 아직 발전상의 것이므로 매우 확실한 것이라 말할 수는 없다.

대단히 짧은 시간, 대단히 작은 공간에서는 양자역학적 동요가 생겨난다. 전자와 양전자의 쌍이 갑자기 나타나거나 소멸하는 것도 그런 것의 하나이다. 이러한 양자역학적 동요에 강하게 관계되는 것은 앞에서 설명한 터널 효과이다. 터널 효과는 앞에서 α붕괴 때에 설명하였다. 2개의 영역 사이에는 그것을 막는 장벽이 있어도 양자역학에서는 입자가 파도의 성질을 갖고 있어 한쪽 영역에 파도가 있으면 진폭은 감소하나, 다른 쪽 영역에도 존재한다. 이 말은 한쪽에 입자가 있으면 다른 쪽에도 입자가 있다는 것이다. 이

'무'에서의 우주창성 이론을 낸 스티븐 호킹 [Quark 1985년 10월호에서 문부성 고에너지 물리연구소 오하라(大原謙一) 촬영]

것은 입자는 운동 에너지보다 높은 장벽이나 산이 있어도 마치 터널을 통과하는 것같이 다른 쪽으로 통과한다는 것을 뜻한다. 여기서 입자라고 한 것은 미소한 물체를 뜻하는 것으로 한다. 이것이 터널 효과이다. 물론 통과하는 비율은 장벽의 높이와 둘레에 따라 다르다.

러시아에서 이주한 미국인인 빌렌킨은 시간도 공간도 에너지도 아무것도 없는 상태에 폐쇄된 우주가 터널 효과에 의해 돌연히 생겨났다는 것을 주장하기 시작했다. 양자역학에서는 매우 짧은 시간 사이에는 시간이나 공간이나 에너지는 일정한 값을 가질 수 없고 계속 동요하고 있다는 것을 나타내고 있다. 따라서 물리학적으로는 '무'의 상태에 있어도 물리량은 작은 값이나 흔들리고 있다. 이러한 '무'의 상태에서 터널 효과로 우주가 돌연 나타나게 된다고 빌렌킨은 생각하였다. 우주의 에너지는 '무'일 때와 최초 우주가 나

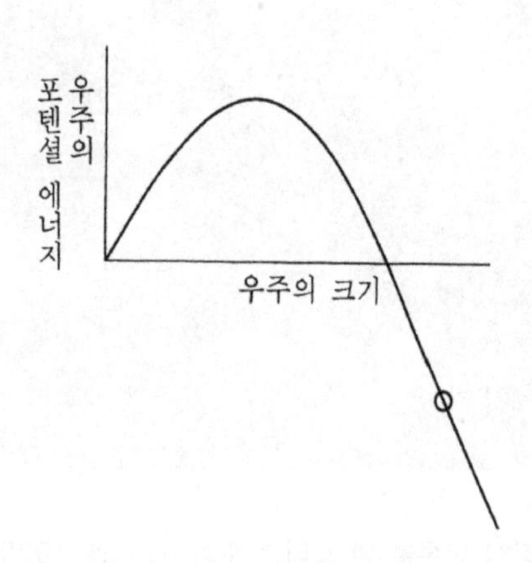

[그림 20] 우주의 크기와 우주의 포텐셜 에너지

타나는 크기 때와는 같으나 그 후 커지면 포텐셜 에너지는 감소하여 팽창을 계속한다.

이 빌렌킨의 이론에서 '최초'나 '그 후'라는 말이 나오는데 이것은 우주와는 별도로 시계가 있어 시간이 흐르고 있는 것으로 불가능한 일이다. 이러한 것을 고려한 우주창성의 이론을 낸 것은 호킹 등이다. 그의 이론은 빌렌킨과 같이 양자역학에 기초를 두고 있지만, 터널 효과에 의해 의논하는 것은 아니다. 우주를 양자역학의 파동함수를 사용하여 처음부터 끝까지 기술하려는 것이다. 오직 이것을 이해하는 데는 양자역학과 우주론의 지식이 필요한 것과 빌렌킨의 이론처럼 직감적으로 에너지에 관계하는 일이 적으므로 방법을 간략하게 설명하겠다.

보통 우주론은 우주의 크기가 0일 때부터 팽창이 시작된다고 한다. 이 첫 번째의 점은 수학적 특이점에 해당하며 이것은 절대로 해명되지 않는다. 호킹은 "경계가 없다는 것이 경계조건이다"라고 하여 특이점이나 끝이 없는 데서 우주는 시작한다고 하였다.

양자역학에서는 어떤 장소에서 어떤 장소로 상태가 어떻게 변화해 가는가 하는 데에 파인만(Richard Feynman, 1918~1988)의 경로적분 방법을 사용한다. 파인만은 미국의 유명한 물리학자이며 이 방법은 이력을 허수의 시간으로 적분하는 것이다. 이 이력에는 여러 가지 가능한 것을 생각한다. 허수는 제곱하면 마이너스가 되는 수로 이와 다른 통상의 수는 실수라고 한다. 경로적분법에서는 최후에 실수의 시간으로 되돌려준다. 호킹의 우주는 허수의 시간이며 '무'에서 팽창하여 에너지가 0이 되었을 때에 실수 시간의 팽창이 시작된다. 이

허수 시간의 팽창이 시작된 점은 특이점이 아니고, 우주의 시작점은 있어도 없는 것 같은 것이라고 말할 수도 있을지 모르겠다.

지금까지 언급하지 않았으나 하나의 우주에서 자식 우주, 손자 우주가 생긴다. 이것은 상전이를 일으키기 전의 에너지의 높은 영역에서 급히 인플레이션을 일으켜 진행하는 것이다. 이처럼 자식 우주, 손자 우주 등은 얼마든지 생겨나는 까닭에 우리의 우주도 이런 것의 하나라고 생각하는 것이 좋을지 모르겠다. 아직 우리는 이러한 다른 우주를 안다는 것이 불가능하다. 오직 자식 우주, 손자 우주의 이야기에는 일반상대성이론이나 우주론에 관계되는 것이 많으므로 이 이상 이야기를 계속하는 것은 무리이다.

9

에너지의 유효성과 엑서지

최근 일상용어에서 에너지라 하면 유용한 에너지를 가리키는 것이 보통이다. 물리학에서 이러한 용어의 사용법으로는 당연히 혼란이 생긴다. 그러므로 유용한 에너지를 무엇이라 부를까, 또한 그것을 어떻게 정의할까 하는 것이 문제가 된다. 엑서지Exergy란 용어는 이 유용한 에너지에 대한 것이다. 엑서지라는 말은 아직 일반적으로 인정되기까지는 이르지 않았으나 점차 널리 쓰이고 있다. 엑서지의 정의는 여기에서 예를 들어 설명하겠다.

유효 에너지

에너지라는 말이 유용한 에너지라는 뜻으로 자주 사용된다는 것은 1장에서 말하였다. 이 '유용'이라는 것은 무엇인지 이 장에서 설명해 보자. 일상 회화에서 이 유용한 에너지를 단순히 '에너지'라고 말하는 것이 보통이지만, 소비되거나 절약되기도 하는 '에너지'와 물리학에서 쓰는 '불멸의 에너지'와는 의미가 다르나 전혀 관계없는 것은 아니다.

이 유용한 에너지를 말하여 엑서지라고 부른다. '유효 에너지'라고 부를 때도 있다. 이 '유용'이라는 개념은 물리학의 입장에서 설명해야 한다. 이것에 대해서는 지금까지 설명한 열역학적 변수와는 다른 성격이 있다는 것을 강조하지 않으면 안 된다. 이 엑서지는 어떤 의미에서는 상대적인 양이다. 어떤 하나의 온도에 관련시켜 정의되는 것이다. 따라서 이 온도는 대체로 상온에 가까운 온도가 선택된다. 또한 엑서지는 엔트로피와는 달리 열역학 원리상으로는 특별히 도입할 필요는 없는 것이다.

엑서지에 대해서는 엔트로피를 적용한 의논에서 이야기를 진행시킬 수 있는데 굳이 엑서지라는 양을 새롭게 도입하는 것은 불필요하다는 무용론조차 있다. 그러나 열역학의 중요한 응용 분야인 열기관, 냉난방, 태양전지 등의 이론에서는 엑서지란 중요한 역할을 한다. 엑서지의 무용론과 실용적인 면의 중요성을 논의하는 것은 다른 문제다. 여기에서는 엑서지의 응용이 어떻게 유효한가에 주안점을 두기로 하자.

열의 엑서지

열이 갖고 있는 엑서지는 '그 열에서 어느 정도의 일을 취득할 수 있는가' 하는 일의 양으로 결정된다. 이것이 열의 엑서지, E의 정의이다. 이 일의 양을 열을 보유하고 있는 물체를 고온 열원, 환경을 저온 열원으로 하는 카르노 기관을 생각하여 카르노 효율을 사용하면 계산할 수 있다. 이때 주의해야 할 것은 이 물체를 고온 열원으로 보았을 때의 온도는 일정하지 않고, 열을 빼앗는 데 따라 온도가 점차로 저하하여 최후에는 환경과 같은 온도가 된다는 것이다.

여기서 물체에 있는 물질의 비율을 C_p, 물체의 최초 온도를 T_1, 환경 온도를 T_0로 한다. 이 C_p는 1몰의 비열 C_p가 아니고 열용량이라고 하는 것이 좋을 것 같다. 물체는 열을 상실하여 그 온도가 T로 되었을 때, 다시 온도가 dT만큼 저하되었을 때, 그 때문에 상실한 열량은 $C_p dT$이다. 비열 C_p는 온도에 따르지 않는다고 한다. 이 환경으로 이행한 열의 총량은 이 열을 온도가 T_1에서 T_0이 될 때까지 더하면 된다. 이것은 간단한 적분으로 $C_pT_0\ln(T_1/T_0)$이 된다. 따라서 물체가 상실한 총열량 중에서 위의 환경으로 흐른 열을 공제한 것이 이 물체가 갖고 있는 엑서지가 되는 셈이다.

$E=nC_p\{(T_1-T_0)-T_0\ln(T_1/T_0)\}$

제1항은 열원에서 얻어지는 열이고 제2항은 일로 변하지 않는 부분이며 이것을 아네르기anergy라고 한다.

위에서 설명했듯이 물체의 온도가 높아져 보유하는 열을 현열(顯熱)이라 한다. 이에 비해 증발열이나 융해열 같이 일정 온도를 보유하는 잠열(潛熱)이 있다. 현열의 엑서지는 위에서 계산하였으나 잠열의 경우는 온도가 일정하므로 열을 취득하는 데 따른 온도의 저하를 고려치 않고 카르노 기관에서 얻을 수 있는 일 그 자체가 엑서지로 된다.

엑서지와 열의 유효성

이 엑서지가 갖는 의미를 좀더 상세하게 생각해 보기 위해서 환경과 같은 온도 T_0인 물체의 온도를 T_1으로 하는 문제를 고찰해 보자. 간단한 것은 $C_p(T_1-T_0)$의 열을 주는 것이다. 한편, 이것에 일을 주어 같은 만큼 온도를 상승시킬 수도 있다. 그러기 위해서는 카르노 기관에 역 카르노 사이클을 일으켜, 환경에서 열을 탈취하여 그 물체에 열을 주면 된다. 오직 이 고원 열원에 해당하는 물체의 온도는 T_0에서 점차로 높아져 T_1이 되므로 사이클의 효과는 변해간다. 이

벨기에의 신구 2개의 유효 에너지 공급원-풍차와 원자력 발전의 냉각탑(사진/로이터·썬)

런 것을 고려하면 온도가 T_1이 될 때까지 주어져야 할 일의 최소치는 엑서지 표와 같게 된다.

엑서지 E를 갖는 물체는 환경 온도가 될 때는 이 엑서지를 상실하고 이것과 같은 최대의 일을 한다. 따라서 엑서지는 그 물체가 하는 일이라는 점에서는 역학적 에너지, 전자적 에너지와 다를 바 없다. 원래 에너지는 일을 하는 능력으로서 정의되었던 것이나, 엑서지도 그런 뜻으로는 다른 에너지와 동등하다. 또한 이러한 의미에서 엑서지는 열의 가치를 주는 것이라 볼 수 있다.

여기에서 한 예로서 15℃의 환경(기온)에서 75℃의 뜨거운 물 1kg의 엑서지를 계산해 보자. 물 1kg의 열용량은 4.18kJ/K (1.00kcal/K) 이므로 75℃에서 15℃로 온도가 내려갔을 때 방출하는 열은 250.8kJ이다. 또한 환경 온도를 15℃로 했을 때 75℃인 물의 엑서지는 23.1kJ이다.

열의 양은 온도가 높거나 낮아도 변하지 않으나 엑서지는 물체의 온도와 환경의 온도에 따라 변하며, 물체의 온도가 환경의 온도에 따라 변하며, 물체의 온도가 환경의 온도에 가까워지면 점차로 작아지고, 환경과 같은 온도가 되면 0이 된다. 물체의 현열 엑서지와 열의 비를 유효비라고 한다. 여기서 계산한 예의 유효비는 0.092이다. 유효비는 주어진 환경에서 물체가 갖는 현열에서 어느 정도의 일을 취득해낼 수 있는가를 나타낸 것인데 그 값은 의외로 작다.

엑서지 식의 자연 로그를 급수전개하여 남은 처음의 항까 지취하면

$E \fallingdotseq (C_p/T_0)(T_1-T_0)^2$

라는 근사식을 얻는다.

열효율과 엑서지 효율

전위차(전압) V인 곳을 전류 I가 흐르면 단위시간에 일 VI가 이루어진다. 옴의 법칙을 사용하면 전기저항 R인 곳을 흐르는 전류는 V/R이므로 단위시간 I^2R의 일이 이룩된다. 이것이 작용한 시간(단위로서의 시간)을 곱한 킬로와트시(kWh)를 일의 단위로 사용한다. 보통 일(또는 열)의 단위로 환산하면 1kWh는 3,600kJ(또는 860kcal)이다.

이러한 단위환산으로 1kWh의 전기 에너지가 3,600kJ의 열과 동등하다는 것을 알 수 있다. 이처럼 물을 전열기로 가열할 때 전기 에너지는 전부 열에너지가 된다. 그러나 이 에너지의 전부가 물을 가열하는 데 쓰이는 것은 아니고 일부는 밖으로 빠져나가기도 한다. 물을 가열하는 데 유효하게 쓰인 열과 가열의 비를 열효율이라 한다. 예를 들면 전기 온수기의 열효율이 85%라고 한다면 15%의 에너지는 물을 가열하는 데는 역할을 하지 못했다는 것이다.

이 열효율은 열역학의 제1법칙만을 고려하고 있으나 그 밖에 제2법칙을 고려한 것이 있다. 이것은 엑서지 효율과 같은 것이다. 엑서지라는 시각에서 물의 온도를 75℃로, 환경 온도를 15℃로 하면 앞 절에서 나타낸 것처럼 그 유효비는 0.092이다. 따라서 전기 에너지의 전부가 열로써 쓰였다면 9.2%가 엑서지가 되는 데 불과하다. 여기서 열효율이 85%라고 하면 엑서지 효율은 7.8%에 불과하다. 전기 온수기로 15℃의 물을 75℃로 하였을 때 온수기의 열효율이 85%라 하여도, 75℃의 물속에는 전기 에너지의 7.4%의 엑서지밖에 들어 있지 않다.

열펌프와 저온의 엑서지

열기관은 열을 일로 전환하는 장치이나, 열펌프heat pump라는 것은 외부에서 일이 주어져 저온의 열을 고온으로 하는 장치이다. 주어진 일도 열이 되어 고온으로 변한다. 열이 저온에서 고온으로 '끌어올려'지므로 이 장치를 히트 펌프(열펌프)라 한다.

카르노 기관 같은 가역기관을 역방향으로 운전하면 열펌프가 된다. 이러한 열펌프로 온도 T_0의 저온에서 끌어올린 열을 Q_0, 외부에서 가해진 일을 W_1, 온도 T_1의 고온으로 끌어올린 열을 Q_1이라하면 $Q_1=Q_0+W$의 관계가 있다. 가역기관의 경우에는 반대 방향으로 운전하여 Q_1의 열을 고온에서 취하고, Q_0의 열을 저온에 주고, W의 일을 외부에 대해 한다. 그 효율 W/Q는 카르노 효율 $(T_1/T_0)T_1$과 같다. 일반적으로 고온으로 끌어들인 열과 외부에서 가해진 일의 비 Q/W를 성적계수라고 부르나 이상 열펌프에서는 카르노 효율의 역수 $T_1/(T_1-T_0)$와 같다.

최근에는 열펌프는 난방에 잘 쓰이고 있다. 이 경우 저온은 실외의 환경 온도이며 고온에 해당되는 것은 난방용 온풍의 온도이다. 같은 전력으로는 성적계수가 큰 쪽이 난방 효과가 크다. 온풍의 온도를 30℃(303.15K), 실외 온도를 5℃(278.15K)로 하면 이상 열펌프의 경우에 성적계수는 12.1이다. 실제의 열펌프로는 이것보다는 훨씬 작아 5 정도이다. 그러나 이 성적계수에는 온도차에 관한 것이 포함되어 있지 않다. 엑서지를 고려한 평가가 필요하다.

열펌프와 원리는 마찬가지이나 외부에서 일을 하여 물체에서 열을 취해 환경에 버리는 장치는 열펌프라 하지 않고 냉동기라고 한다. 이 경우는 그 물체의 온도가 저하되어 차게 된다. 냉장고, 에어콘은 이러한 냉동기의 예이다.

이상 냉동기로는 온도 T_0의 환경을 고온 열원으로 하여 온도 T_1에 냉동되는 물체를 저온 열원으로 하는 카르노 기관을 반대 방향으로 운전하였다고 생각하면 된다. 엑서지는 열의 엑서지와 동일하게 정의되나 이 경우는 온도 T_0의 환경에서 열 Q_0를 취해 외부에 일을 하고 냉각된 부분에 열 Q_1을 주고, 그 온도가 T_1에서 T_0로 상승할 때까지 하는 모든 일을 그 물체의 저온 엑서지라고 한다. 온도 T_1의 저온 물체에 주어지는 열 Q_0는 Q_0T_0/T_1이지만, 이 저온 물체에 열이 흘러 들어가는 데 따라 그 온도 T가 점차 높아지는 것을 고려하면 저온 엑서지는 비열 C_p가 온도에 의해 변하지 않는다고 하여 적분 계산을 하면

$$E=C_p\{(T_1-T_0)-T_0\ln(T_1/T_0)\}$$

이 된다. 따라서 환경보다 낮은 온도의 경우에도 엑서지 식은 같다. 또한 환경 온도보다 지나치게 낮지 않을 때 로그를 전개하면 그 최초의 항은 2차에서 온도와 환경 온도와의 차가 2차로 되고, 엑서지는 플러스이고, 온도가 높거나 낮아도 환경과의 온도차의 제곱에

비례한다. 그러나 온도가 낮아지면 비열은 작아져 상수로 볼 수 없게 되므로 이러한 근사식을 쓸 수 없게 된다.

이처럼 저온의 것도 엑서지를 갖고 있으므로 이것을 저온 열원으로 하는 발전도 할 수 있다. 저온의 한 예로서 환경 온도를 15℃로 하여 0℃의 얼음 1kg의 엑서지는 20kJ이다. 따라서 내린 1만 톤의 눈의 엑서지를 환경 온도 15℃일 때 이용한다면 56kWh의 에너지를 얻을 수 있다.

엑서지의 효용과 열비용

지금까지는 주로 엑서지의 열역학적 의미에 대해서 설명하였다. 엑서지는 이론적인 측면만이 아니라 실용적인 면에서 중요한 의미를 갖고 있다. 처음에 설명했듯이 이것은 에너지가 온도와 열에 관계할 때, 직접 에너지나 엔트로피보다 실용적 중요성을 가져온다. 실제 문제에서는 환경 온도와의 관계가 중요하다. 이것은 비용과도 관계되므로 경제적 측면에서도 중요하다. 보통 사용되는 열효과와는 어떠한 관계를 갖고 있을까.

스위스의 등산철도에서 이상한 증기 기관차를 보았다는 이야기를 50년 전에 들었다. 케이블이 있는데 여기에서 전기를 받아 달리고 있다는 것이다. 물을 전열기로 가열하는데, 다른 것은 증기 기관차와 같다. 이 기관차는 모터도 없고 전기 기관차보다 구조는 간단하고 거기에다 증기 기관차보다도 간단해 건조에 필요한 비용은 매우 적게 든다. 이 전기 증기 기관차와 보통의 전기 기관차의 운전에 소요되는 비용을 비교해 보자.

실제의 전열기로는 전기 에너지의 전부가 유효열이 되지 않으나, 이야기를 간단히 하기 위해 그 100%가 물을 가열하는 데 유효하게 쓰인다고 하자. 보일러 속의 물 온도는 350℃이고 환경으로서의 외기 온도는 15℃라고 하자. 전기 에너지는 거의 전부 엑서지라 보아도 좋다. 이것에 대해 물을 가열하여 350℃ 로 하면 54%가 물의 열 엑서지로 되고 46%의 엑서지는 버려진다. 열기관이 이상적인 것이라면 이 54%의 엑서지가 전부 일로 변해 기관차를 달리게 한다. 전기 기관차는 전기 에너지가 전부 엑서지로서 주어지므로 전기 증기 기관은 전기 기관차의 54%밖에 동력이 없는 셈이 된다. 따라서 같은 동력으로 달리기 위해서는 전기 증기 기관차는 85% 만큼 여력의 전력을 소비하게 되어 전력 요금이 1.85배만큼 높아진다. 열기관이나 전기 모터가 완전하지 않고 마찰 등이 있어도 대체로 비슷하다.

그러나 처음에 이야기한 대로 전기 증기 기관차는 싼 값으로 제작할 수 있으므로 전력 요금이 싼 곳에서는 전기 증기 기관차 쪽이 유리할 때도 있다. 수력이 풍부한 스위스에서는 50년 전에는 이러한 사정이 있었는지도 모르겠다.

또 하나의 예를 들면 난방이나 온수기의 효율 문제이다. 전기 온수기의 니크롬선으로 열로 변하는 에너지의 80%가 물의 온도를 10℃에서 100℃까지 높이는 데 쓰인다고 한다. 이 경우의 열효율은 80%인 셈이다. 이것에 대해 100℃의 물의 엑서지 유효비, 엑서지와 열의 비는 0.124이므로 엑서지 효율로 하면 이것에 0.8을 곱한

10%에 불과하다.

난방의 경우에 열효율은 30% 정도이나 엑서지 효율은 2% 정도가 된다. 열펌프를 사용한 난방에서는 엑서지 효율을 15% 가까이로 할 수 있으나 경제성이라는 측면에서는 열펌프 같은 장치의 제조비를 생각할 필요가 있다.

이처럼 엑서지 효율은 열효율이 다르므로 이 두 가지 의미를 생각하여 구별해서 사용하는 것이 중요하다.

에필로그

에너지는 처음에는 역학적 에너지로 도입되었다. 19세기에 이르러 역학적 에너지와 열이 서로 전환되어 열과 일이 등가라는 것이 처음으로 밝혀지고 열역학 제1법칙이 확립되었다. 그 후 이것은 열과 일만이 아니라 화학적 에너지, 전류의 에너지 등 여러 종류의 에너지도 합하여 이들은 서로 전환될 수 있다는 것이 밝혀져 일반적인 에너지 보존의 법칙으로 발전하였다. 나아가서 20세기에는 상대성이론에 의해 질량도 에너지의 일종이라는 것이 지적되고 그 후 원자핵 실험에서 진짜로 질량이 다른 에너지로 전환한다는 것을 알게 되었다. 이러한 사실은 현대 소립자론에서는 거의 자명한 일로 되어 있다.

여러 가지 에너지 중에서 열은 매우 특수한 것이다. 일반적으로 여러 가지 에너지는 상호전환하는데 간접적으로 전환하는 경우를 포함하여 제약이 없으나 열만은 예외이다. 모든 에너지가 무제한으로 열로 전환하는 데 대해 열이 일 등의 다른 에너지로 전환할 때는 그 열의 전부는 전환되지 않고 일부가 열로서 남는다는 특수한 성질이 있는 것이다. 열의 일 등 다른 에너지로의 전환 시에는 카르노 효율을 초과할 수는 없다는 제약이 있다. 이 제약은 온도에 관련된다. 여기서 에너지의 전환에 대해서 온도가 관계하게 된다. 또한 이처럼 열이 관계되는 에너지의 전환과 불가분의 것이 엔트로피이다. 그리고 여기서 에너지와 열역학의 제2법칙이나 비가역 현상과의 관계가 나타난다. 이처럼 엔트로피 개념의 이해가 없으면 열에너지를 이해하는 것은 불가능하다. 따라서 이 점에서는 〈열과 온도〉와 〈엔트로피와 자유 에너지〉의 두 장이 전체의 구성상에서도 중요한 역할을 하게 된다.

책의 후반부에서는 열복사부터 상대성이론, 핵물리학에서 질량과 에너지의 등가성이 현실의 현상으로서 눈앞에 출현한다. 그 후에 그것에 기초한 광대한 우주와 별의 과거와 미래, 우주의 시작과 종말로 이야기는 전개되고 에너지의 여러 원리가 관계되는 문제가 널리 제시된다. 현재로서 이 에너지 보존의 법칙은 소립자에서 우주의 크기에 이르기까지 여러 과정 속에서 예외 없이 성립된다고 여겨지고 있다. 이러한 것은 정말 놀라운 사실이지만 지금까지는 이것을 부정하는 관측이나 실험은 찾아볼 수 없다. 세계에서 일어나는 갖가지 현상 중에서 여러 물질이 전환하여도 그 양의 값을 일정하게 보존하고 있는 것이 불멸의 에너지이다. 또한 보기에 따라서는 여러 현상은 모두 에너지의 전환과 이동이라고 말할 수 있다.

그러나 소립자에서 우주의 규모에 이르는 여러 현상과 그 속에서의 에너지의 역할을 평이하게 해설한다는 것은 결코 쉬운 일이 아니다. 이러한 열에너지 특수성의 해설도 독자에게는 결국 이것도 저것도 아닌 것이 되지 않을까 염려하고 있다. 또한 8장의 〈우주의 시작〉은 다소 에너지 고유의 문제가 희박해져 있으나 이야기의 연결 상 다루어진 것이 많다.

끝으로 여기서 생각하는 에너지와 실용상의 유용 에너지와의 관계를 다루었다. 이것은 신문 등에서는 단순히 에너지라고 부르는 것이다. 그러므로 물리학의 에너지와 혼돈될 염려도 있다. 또한 신문 등에서 말한 '에너지의 소비'란 이 책에서는 '에너지의 열성화'라는 것이다.

이 책의 마지막 장의 제목 〈엑서지〉는 이 유용한 에너지를 말한다. 이것은 1953년에 독일의 열공학자 랑또가 명명한 용어이다. 엑서지는 아직 일반적으로 인정되었다고 말하기는 어렵지만, 차차 많은 사람에게 쓰여지게 되었다. 이 용어가 시민권을 획득하여 보다 널리 사용되기를 원한다. 또한 물리학의 전문가가 이 엑서지에 더욱 관심을 갖는 것도 필요하다고 생각한다.